U0272601

杭州市
林业危险性有害生物图谱

徐志宏　孙品雷　主编

中国农业科学技术出版社

图书在版编目(CIP)数据

杭州市林业危险性有害生物图谱 / 徐志宏，孙品雷主编.—北京：中国农业科学技术出版社，2015.6

ISBN 978-7-5116-2066-8

Ⅰ.①杭… Ⅱ.①徐… ②孙… Ⅲ.①森林植物–病虫害–杭州市–图谱 Ⅳ.S763–64

中国版本图书馆 CIP 数据核字(2015)第 076647 号

责任编辑	闫庆健
责任校对	马广洋
出 版 者	中国农业科学技术出版社
	北京海淀区中关村南大街 12 号　　邮编：100081
电　话	(010) 82106632(编辑室)　　(010)82109702(发行部)
	(010) 82109709(读者服务部)
传　真	(010) 82106625
网　址	http://www.castp.cn
经 销 商	各地新华书店
印 刷 厂	北京华忠兴业印刷有限公司
开　本	850mm×1168mm　1/32
印　张	3
字　数	98 千字
版　次	2015 年 6 月第 1 版　　2015 年 6 月第 1 次印刷
定　价	26.00 元

《杭州市林业危险性有害生物图谱》
编 委 会

主　　编　徐志宏　孙品雷

副 主 编　袁祥海　黄柏顺　王嫩仙

参编人员　徐志宏　王嫩仙　王　琦

　　　　　　孙品雷　王玉军　方向军

　　　　　　袁祥海　赵丽涵　徐　鸣

　　　　　　黄柏顺　王福涛　郑惟杰

　　　　　　韩扬云

内容提要

　　此书面向生产实践，以杭州市林业检疫和危险性病虫害为对象，每张照片均准确地表现出为害特点、形态特征，并附以文字，分类简述其形态特征、寄主范围和分布地点，以生产季节时间为主线，阐明发生规律，反映出最新防治技术和生产上普遍使用的，或有良好应用前景的有效药剂，充分体现出综合治理的思想，力争做到图文并茂。在种类选择上以杭州市及下辖县发生的林业危险性病虫害为主，尽可能反映病虫害发生的基本概况、管理方法和防治技术水平。

　　此书的读者对象为农林院校师生、农林技术研究及推广人员、农村职业学校、庄稼医院和农户。此书出版后可为病虫害科研、教学和生产提供直观的形象材料；也是提高生产中病虫害鉴定水平，指导防治技术改进和药剂的选用，提高病虫害综合治理水平的有效工具。

目　录

1. 松材线虫病 *Pine wood nematodep*

又称松枯萎病,是松树的毁灭性病害,已列入林业检疫性有害生物。可导致大量松树枯死,对我国的松林资源、自然景观和生态环境造成严重破坏,而且有继续扩散蔓延之势。已被我国列入限定性有害生物。在我国主要为害黑松 P. thunbergii、赤松 P. densiflora、马尾松 P. massoniana、海岸松 P. pinaster、火炬松 P. taeda 等植物。1995 年入侵富阳,1999 年入侵杭州西湖区和半山区。

为害特点 松材线虫侵入树木后,外部症状的发展过程可分为四个阶段:①外观正常,树脂分泌减少或停止,蒸腾作用下降。②针叶开始变色,树脂分泌停止,通常能够观察到天牛或其他甲虫侵害和产卵的痕迹。③大部分针叶变为黄褐色,萎蔫,通常可见到甲虫的蛀屑。④针叶全部变为黄褐色,病树干枯死亡,但针叶不脱落。此时树体上一般有次期性害虫栖居。

病原 该病由松材线虫 Bursaphelenchuh xylophilus (Steiner & Buhrer) Nickle 引起。属于线形动物门,线虫纲,垫刃目,滑刃科(Aphelenchoididae)。

发生规律 该病的发生与流行与寄主树种,环境条件,媒介昆虫密切相关。在我国主要发生在黑松、赤松、马尾松上。苗木接种试验,火炬松、海岸松、黄松、云南松、红松、樟子松也能感病,但在自然界尚未发生成片死亡的现象。低温能限制病害的发展,干旱可加速病害的流行。在我国传播松材线虫的媒介昆虫主要是松墨天牛(Monochamus alternatus Hope)。杭州地区松墨天牛每年发生 1 代,于 5 月中旬至 6 月下旬羽化。从罹病树中羽化出来的天牛,几乎 100% 携带松材线虫。天牛体中的松材线虫均为耐久型幼虫,主要在天牛的气管中,一只天牛可携带上万条,多者可达 28 万。感染松材线虫病的松树往往是松墨天牛产卵的对象,翌年松墨天牛羽化时又会携带大量的线虫,并"接种"到健康的松树上,导致病害的扩散蔓延。当天牛补充营养时,耐久型幼虫就从天牛取食造成的伤口进入树脂道,然后脱皮形成成虫。该病近距离传播靠天牛等媒介昆虫传带,远距离传播则主要借助感病苗木、松材、枝桠及其他松木制品的调运。

防治方法 ①伐除病树:新发现的感病松林,要立即采取封锁扑灭措施。小块的林地要砍除全部松树;集中连片的松林,要将病树全部伐除,同时刨出伐根,连同病树的枝、干一起运出林外,进行熏蒸或烧毁处理。②降低天牛密度,减少传播压力,延缓蔓延速度。③林相改造,降低松树林分比例。

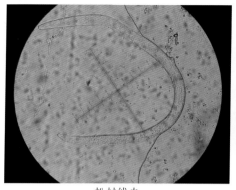

松材线虫 松材线虫病

2. 扶桑绵粉蚧 *Phenacoccus solenopsis* Tinsley

扶桑绵粉蚧近年来在我国广东等省局部地区发现有该生物为害棉花和蔬菜。为保护我国农业生产安全,根据扶桑绵粉蚧的风险分析结果,农业部和国家林业局已分别将其列入农业和林业检疫性有害生物。该虫2010年起被发现在杭州的下沙、余杭、临安、杭州城区等地发生。扶桑绵粉蚧的寄主植物很多,已知的有57科149属207种,其中,以锦葵科、茄科、菊科、豆科为主,杭州地区农田植被情况,本地适宜粉蚧寄生的植物品种有10科27种,具体为锦葵科中的棉花、木槿、苘麻;茄科中的番茄、茄子、辣椒、枸杞、龙葵;菊科中的苍耳、飞蓬、苦荬菜、鳢肠;葫芦科中的南瓜、冬瓜、西瓜、苦瓜、丝瓜;旋花科中的空心菜(蕹菜)甘薯、牵牛;胡麻科中的芝麻;禾本科中的玉米、牛筋草、狗牙根;大戟科中的蓖麻、铁苋菜;马齿苋科中的马齿苋;苋科中的野苋菜等。由此可见,杭州地区从栽培作物到野生杂草都有适合扶桑绵粉蚧的寄主。该虫为害时一是以幼虫和成虫的口针刺吸棉株的叶、嫩茎、苞片和棉铃的汁液,致使叶片萎蔫和嫩茎干枯,植株生长矮小,棉桃过早脱落,严重时棉叶完全脱落,二是在棉花被粉蚧侵害部位如棉株顶尖、茎及枝秆上堆积白色蜡质物质。三是为害部位因粉蚧排泄的蜜露,引诱蚂蚁的剧烈活动,滋生黑色霉菌,影响棉花光合作用,生长受抑制。四是粉蚧易转移扩散,粉蚧通过风、水、蚂蚁、人在田间的活动和被侵染材料的调运等其他人类活动进行传播,使其迅速扩散到新地区,不断扩大为害范围。五是高温低湿有利于扶桑绵粉蚧的迅速繁殖,增加为害程度。据调查,被棉花粉蚧为害后的棉花减产 40% 以上,部分田块可能绝收。

形态特征 扶桑绵粉蚧属半翅目、粉蚧科、绵粉蚧属。完成一个世代需经过卵、若虫、预蛹、蛹和成虫五个虫态。成虫、若虫活体通常淡黄色至橘黄色,背部有一系列的黑色斑,全背被微小刚毛分布,体表被白色腊质分泌物覆盖。虫体椭圆形,雌成虫长 3.0 ~ 4.2mm,宽 2.0 ~ 3.1mm。若虫分 3 个龄期:1 龄若虫长 710 ~ 730um,宽 359 ~ 380um,2 龄若虫长 0.75 ~ 1.1mm,宽 0.36 ~ 0.65mm,3 三龄若虫长 1.02 ~ 1.73mm,宽 0.82 ~ 1.00mm。预蛹和蛹非常小,预蛹总长 1.35 ~ 1.38mm,腹部前端宽 525 ~ 550um,蛹总长 1.43 ~ 1.48mm,腹部前端宽 475 ~ 500um。卵产在白色棉絮状的卵囊里,刚产下的卵橘色,孵化前变粉红色。

发生规律 扶桑绵粉蚧是多食性昆虫,其生活周期为 23 ~ 30d,成虫体粉红色,表面覆盖白色蜡状分泌物。生殖力强,雌成虫可产 500 ~ 600粒卵,每年可发生 10 ~ 15 代。在棉田,棉花植株是棉花粉蚧的最佳寄主,棉花的整个生长期都有粉蚧为害,且世代重叠,各虫态并存,棉花收获离田后,粉蚧转移到田间其他寄主上活动。棉花粉蚧通过空气气流进行短距离扩散,也可借助水、床土、人类、家畜和野生动物扩散,粉蚧以低龄若虫或卵在土中、作物根、茎秆、树皮缝隙中、杂草上越冬。

防治方法 ①及时铲除农田内外杂草;整地时消灭蚂蚁群。②选择对路药剂品种:主要药剂品种有毒死蜱、吡虫啉、丙溴磷、灭多威等。粉蚧寄主多,在对作物进行喷药的同时,对田间、沟边路边的其他植被也要同时喷药防治。施药方法:在扶桑绵粉蚧低龄若虫高峰期,每亩(1 亩 ≈ 667m²;15 亩 = 1 公顷。全书同)用 40% 毒死蜱 100 ~ 120ml 对水 50 ~ 60kg 喷雾,喷雾时棉株要整株喷药,上下正反喷洒周到。病害严重的地方要向土壤施药,使药剂能够渗入到根部,以消灭地下种群。

扶桑绵粉蚧为害叶

扶桑绵粉蚧成虫

扶桑绵粉蚧若虫

扶桑绵粉蚧为害梢

3.锈色棕榈象 *Rhycophorus ferrugineus* Fabricius

锈色棕榈象又称红棕象甲,属鞘翅目象甲科,是椰子树毁灭性害虫,也为害油棕、槟榔、海枣,台湾海枣,银海枣,油棕,西谷椰子,三角椰子,枣椰子等棕榈科植物,在整个东南亚地区是椰子和油棕十分严重的害虫。国家林业局已将其列入林业检疫性有害生物。2009 年起发现在杭州滨江区有分布,仅发现为害加拿利海枣。

形态特征 成虫红褐色,体长(自复眼前线至腹部末端)28mm,宽 12mm,喙长 9mm,其前半部背面有棕黄色短而浓密的毛列。前胸背板具 8 枚暗棕黑色液滴状斑,其中,在背板前半部有 5 个斑呈弧形排列,中间的斑较大;后半 3 个斑呈一直线排列,两樱的较大,中间斑后端由一只褐色细线纹与背板后缘相接。幼虫呈黄白色,头暗红褐色。

发生规律 该虫一年发生 2 ~ 3 代,世代重叠。成虫在一年中有两个明显出现的时期,即 6 月和 11 月。雌成虫用喙在树冠基部幼嫩松软的组织上钻蛀一个小洞,产卵其中,有时亦产卵于伤口及树皮裂缝中。卵散产,一处一粒,一头雌虫一生可产卵 220 ~ 350 粒;卵期为 2 ~ 5d。幼虫孵出后,即向四周钻洞取食柔软组织的汁液,剩下的纤维被咬断后遗留在虫道的周围;幼虫期为 30 ~ 90d。成熟幼虫利用木质纤维结成椭圆形茧,成虫后进入预蛹阶段(3 ~ 7d),而后脱最后一次皮化蛹,蛹期 8 ~ 2M。成虫羽化后,在茧内停留 4 ~ 10h,直至性成熟才破茧而出。雌成虫一生可交尾数次,交尾后当天即产卵,有的亦可延至一周以后才产卵。雌成虫寿命 39 ~ 72d,雄成虫 63 ~ 109d。红棕象甲成虫白天不活跃,通常隐藏在叶腋下,只有取食和交配时才飞出。一般羽化后即可交尾,交尾发生多次,每次 15.30s。雌虫通常在幼年椰树上产卵,产卵时将长且锐利的产卵器深深插入植株组织中。有时也将卵产于叶柄的裂缝或组织暴露部位,还经常在由犀甲造成损伤的部位产卵。卵单产,单雌产卵量 162 ~ 350 粒,平均为 220 粒。产卵期为 33 ~ 70d,平均为(56.60±2.45)d。卵:卵孵化率为 85.2% ~ 93.9%,平均为(89.60±0.69)%,前 7d 产的卵均可孵化,49d 后产的卵均不能孵化。卵期的致死高温为 40℃。幼虫:初孵幼虫取食植株多汁部位,并不断向深层部位取食,在树体内形成纵横交错的隧道。蛹:老熟幼虫用吃剩的植株纤维结茧,茧呈圆筒状,结茧需要 2 ~ 4d,然后就在茧中化蛹。

防治方法 ①严格执行检疫措施。今后在引种棕榈苗木前先向当地植物检疫部门申办有关检疫手续。经审批同意方可引种。以防止将境外严重病虫害引入内地。②消灭象甲产卵场所。根据雌成虫喜欢在植株上一些树穴或伤口(如虫伤及人为损伤)上产卵的习性,防止植株造成过多伤口,对减轻该虫为害有一定作用。因此,当发观椰子或其他棕榈植物有人为伤口(如修剪枝叶、磨伤、擦伤等)、犀牛甲为害洞口、台风过后造成枝叶断落时,要及时在伤口及其周围喷施内吸性杀虫剂(如万灵、乙酰甲胺磷、久效磷等)防治,每15d喷一次,连续喷2~3次,预防雌虫产卵。③清除或减少园内虫源 对于心叶凋枯、生长点腐烂死亡的难以救活植株,要及时砍除,彻底消灭幼茎组织内各虫期的害虫。最好用柴油把整株烧毁,以减少种植园内的虫源,并对周围植株喷灌内吸性杀虫剂预防此虫入侵为害。④诱杀 是降低该虫在种植园的虫口密度和为害的较普遍的方法。性信息素诱杀:在种植园内,每隔100m设置一水桶,水桶不加盖或在盖上留7、8个直径为3cm的洞孔(以便成虫容易进入),桶内放杀虫剂药水,在离水面2~3cm处固定放置该虫雌、雄性激素,引诱成虫前来交配,使其落入水中毒死。此方法在海南5~6月或10~11月成虫活动高峰期使用效果更好。⑤化学防治。由于红棕象甲的幼虫和成虫(短时间)均在树干内蛀干取食为宫,用常规喷雾施药方法相难达到防治目的。目前最有效、对环境影响最小的施药方法是采用树干注射杀虫剂的方法。可根据植株大小,采用不同方式使用万灵、杀螟松等内吸杀虫剂,可取得较好的防治效果。

锈色棕榈象幼虫、蛹、蚕

锈色棕榈象成虫

4. 苹果蠹蛾 *Laspeyresia pomonella*（Linnaeus）

属鳞翅目 Lepidoptera、小卷蛾科 Olethreutidae。原产于欧洲南部，据报道除日本外，已广布于世界各地。国内主要分布新疆维吾尔自治区（全书简称新疆），甘肃（酒泉）。寄主植物主要为苹果、沙果、梨，也能为害桃、樱桃、杏、梅、温勃、野山楂、野苹果、英国胡桃等。苹果蠹蛾幼虫蛀果为害，使果实品质降低或失去食用价值，受害后还能造成大量落果，对产量影响很大。在新疆，第一代幼虫对苹果和沙果的蛀果率常达50%左右，至第二代竟达80%，香梨在采收时蛀果率也可达40%。2014年杭州市植物检疫站在杭州勾庄农贸市场监测到成虫。

形态特征　成虫　体长8mm，翅展19～20mm，全体灰褐色而带紫色光泽，雌蛾色淡，雄蛾色深。臀角处的翅斑色最深，为深褐色，有3条青铜色条纹；翅基部颜色次之，为褐色，此褐色部分的外缘突出略呈三角形，其中，有色较深的斜行波状纹；翅中部颜色最浅，为淡褐色，其中，也有褐色的斜纹。雄蛾前翅反面中区有1大黑斑，后翅正面中部有1深褐色的长毛刺，仅有1根翅缰。雌蛾前翅反面无黑斑，正面无长毛刺，有4根翅缰。卵　椭圆形，长1.1～1.2mm，宽0.9～1mm，极扁平，中央部分略隆起，初产时如一极薄蜡滴，发育到一定阶段出现一淡红色的圈，此阶段称红圈期。幼虫　初孵幼虫体淡黄色，稍大变淡红色，成长后呈红色，背面色深，腹面色很浅。成长幼虫体长14～20mm。头部黄褐色，前胸盾淡黄色，臀板颜色较浅。前胸侧毛组具3根刚毛。无臀栉。腹足趾钩单序缺环（外缺），两端的趾钩较短，有趾钩14～30个不等，大多数为19～23个；尾足趾钩13～19个不等，绝大部分为14～18个。蛹体长7～10mm，黄褐色。第二至第七腹节背面前后缘均有一排整齐的刺，前面一排较粗，后面一排细小；第八至第十腹节背面仅有一排刺，第十节的刺常为7～8根。肛门两侧各有2根钩毛，加上蛹末端的6根（腹面4根，背

苹果蠹蛾成虫

面2根)共10根。

发生规律 目前,在杭州尚未发生,在新疆一年发生1~3代,主要为2代。在伊犁完成一代需45~54d。第一代50%以上的幼虫有滞育现象,这部分个体一年仅完成一代;一般一年可发生两个完整世代;有的还能发育至第三代,但该代幼虫能否越冬还有待研究。发生2代的,第二代老熟幼虫于8月中旬开始在开裂的老树皮下、断树的裂缝、树干的分枝处、树干或树根附近的树洞、支撑树干的支柱以及其他有缝隙有地方,吐丝作茧越冬。

成虫羽化1~2d后交尾,绝大多数在黄昏以前进行,个别在清晨。产卵前期3~6d。卵多产在叶片上,部分产在果实和枝条上,尤以上层的叶片和果实着卵量多,中层次之,下层最少。卵在果实上则以胴部为主,也有产在萼洼及果柄上。在果树的向阳面以及生长稀疏或树冠四周空旷的果实树上着卵较多,树龄30年的较15~20年的树着卵多。第一代卵多产在晚熟品种上,中熟品种次之。每雌一生产卵少者1~3粒,多者84~141粒,平均32.6~43粒。成虫寿命最短1~2d,最长10~13d,平均5d左右。第一代卵期最短5~7d,最长21~24d,平均9.1~16.5d;第二代卵期最短5~6d,最长10d,平均8d。

初孵幼虫先在果面上四处爬行,寻找适当蛀入处所蛀入果内。蛀入时不吞食咬下的果皮碎屑,而将其排出蛀孔外。在沙果上幼虫多从胴部蛀入,在香梨上多从萼洼处蛀入,在杏果上则多从梗洼蛀入。在苹果和沙果内蛀食时排出的粪便和碎屑褐色,堆积于蛀孔外,由于虫粪缠以虫丝,严重时常见其串挂在果实上。幼虫从孵出至老熟脱果,整个幼虫期最短25.5~28.6d,最长30.2~31.2d,平均28.2~30.1d。

非越冬的当年老熟幼虫,脱果后爬至树皮下或从地上落果中爬上树干的裂缝处和树洞里作茧化蛹,但在光滑的树干下,幼虫则能化蛹于地面上其他植物残余以及土缝中。此外,幼虫也能在果实内、果品运送木箱及贮藏室内等处作茧化蛹。越冬代蛹期最短12~26d,最长35~36d,平均22.3~30.6d;第一代最短9~10d,最长16~19d,平均12.8~13.2d;第二代13~17d,平均15.7d。

苹果蠹蛾的发育起点温度为9℃,春季当有效积温达230度时,第一代卵开始孵化。完成一个世代的有效积温约为700℃。

防治方法 ①严密监测:以人工合成的苹果蠹蛾性诱剂(反,反—8,

10—十二碳二烯 – 1—醇,即 E,E—8,10—DODECADIEN – 1—OH)(97%)作为标准诱剂,用橡胶诱芯(每枚诱芯含标准诱剂 lmg),制做水捕式诱器在未发生区严密监测发生动态,做到早发现,早根治。②清洁果园:及时捡拾落果,消灭其中尚未脱果的幼虫。③化学防治:第一代、第二代幼虫孵化后蛀果前,即 5 月中下旬和 7 月中旬,任选 50% 辛硫磷乳油 1 000 倍液、20% 杀灭菊酯乳油 4 000 倍液或 2.5% 敌杀死乳油 4 000 ~ 5 000 倍液中的一种进行喷雾防治。由于苹果蠹蛾世代发生很不整齐,故每代次需隔 7 ~ 10d,连喷 2 ~ 3 次。

5. 疖蝙蛾 *Phassus nodus* Chu et Wang

疖蝙蛾幼虫蛀食韧皮部和木质部,轻者使被害植株生长不良,木材不能利用,重者植株容易折倒或枯死。据查寄主植物种类有:杉木、柳杉、泡桐、梧桐、板栗、锥栗、麻栎、石栎、香椿、臭椿、白榆、琅琊榆、杭州榆、香樟、浙江紫楠、火力楠、白玉兰、广白兰、云山白兰、乐昌含笑、银钟树、椴木、荒皮木、野桐子、香椿、火青树、小叶女贞、光皮树、滇揪、兰果树、八角枫、枫杨、枳具、鹅掌揪、山白果、糙叶树、四川恺木、冲天柏、天目木姜子、木莲、山杜英、楝叶吴茱萸、合欢等共 24 科 44 种。1980 年以后,富阳亚林所从全国各地引进 60 种珍贵树种,至 1985 年发现有 43.3 % 的树种遭到疖蝙蛾幼虫不同程度的蛀害。目前,杭州地区在西湖区、余杭、富阳有分布。

形态特征 成虫雌蛾体长 30 ~ 55mm,翅展 69.5 ~ 111mm,雄蛾体长 28.0 ~ 48.5mm,翅展 60.0 ~ 95mm。体黄褐色,密被黄褐色鳞毛。头顶具长毛,触角丝状,很短。眼大。口器退化。前翅黄褐色,前缘有 4 块近圆形的褐斑,前缘近中部具一疖状凸起,翅中部具一不明显的黄褐色三角区,雌蛾沿中室下缘具一黑色横条纹。前翅 M2 在中室处有一个小室,M2 与 M3、M3 与 CuA 间各有一条横脉。Cu A 至翅后缘间具有许多小褐斑。后翅灰黑色。雄蛾前足胫节和附节宽扁,两侧具长毛、前、中足特化,失去步行作用,具攀附功能。后足较小,胫节膨大,具一束橙红色长毛束。雌蛾缺。雌雄各足附节末端均具一对粗大的爪钩,适于攀悬物体。卵:圆形,直径 0.7mm,初产黄白色,后变成黑色。幼虫:体长 52 ~ 79mm。体黄褐色,头部红褐色。头颅两侧触角外各具 6

枚单眼，每 3 枚为一行，外行成直线，内行略呈弧形。腹部背面各节均具 3 块褐色毛片，前一块大，后两块小，排列成"品"字形。毛片上具原生刚毛，趾钩双行环。蛹：长圆筒形。雌蛹体长 46～74.5mm，雄蛹体长 38.5～68.5 mm。体褐色，节间黄色，形成黄褐相间的环。头部黑褐色，头顶具 4 个尖角状的突起，腹部背面 3～7 节的前、后缘各具一列向后的刺突，前列长达气门，后列略短。腹部腹面 4～7 节的中间各具一列向前的波形刺突。

发生规律 疖蝙蛾在富阳二年一代，以卵在土表落叶层或以幼虫在被害树干的髓部中越冬。成虫羽化前 2～3d，蛹体借助腹部刺列，从坑底"锉动"至蛀孔口，顶破孔口的丝盖和粪屑苞。成虫羽化时刻多在 14～20 时。羽化共需 20 分钟。昼间悬挂于林下灌木、杂草的枝叶上。暮时起飞。飞行途中，若跌落地，只能在地上兜圈运动，很难再起飞。雌雄性比，雌蛾略高于雄蛾。交尾多在 19 时至 21 时开始，长达 2 小时。成虫寿命长短据室内饲养，新县雌蛾 9～10d，雄蛾 10～12d，富阳雌蛾 4～8d，雄蛾 6～7d。两地雄蛾寿命均长于雌蛾。平均产卵量为 3 960（2 604～6 004）粒。卵：均散落于地面或地被植物上，无黏着性。幼虫：2 龄前幼虫均在林下落叶层或腐殖质丰富的土中，吐丝缀叶，幼虫居其中取食，有时蛀入断落的野桐子和黄荆等灌木的小枝内。初龄幼虫行动活泼，受惊迅速后退。3 龄前后，陆续离地，开始沿树干螺旋形向上爬行，找到适宜的场所，即将臀足固定，吐丝结椭圆形丝网，虫体隐匿于网下，先在树干外蛀一横沟，然后向树干髓部蛀食，蛀入髓心后，即向下蛀成一坑道，很少向上钻蛀。幼虫在蛀食中，将蛀屑和粪粒排向丝网，成一黄褐色的粪屑苞。此苞随着虫龄的增大而加大变厚，经风吹日晒，变成黑褐色。幼虫老熟时，此苞环状地包裹树干。

防治方法 ①控制虫源：公园、植物园、引种园和苗圃是疖蝙蛾的主要栖息和繁衍地。该虫主要通过苗木的调运传播。凡出圃苗木应经严格检查，发现具粪屑苞者，立即捡出焚毁，不得转运他处。②清理园林和林地：园林应及时清除垃圾和枯枝败叶，山区林地，结合抚育，挖除林下和林缘的大青、野桐子和黄荆等灌木丛，以清除疖蝙蛾初龄幼虫的取食和栖息场所及中龄幼虫转株为害的中间寄主和越冬场所。③化学药剂防治：被害林木刚出现粪屑苞时，可用兽用注射器将 40% 杀螟松 40 倍液、40% 敌敌畏 30 倍液注入坑道，一日内即可杀灭幼虫。

疖蝙蛾虫苞

疖蝙蛾蛹

疖蝙蛾为害状

疖蝙蛾幼虫

6. 西花蓟马 *Frankliniella occidentalis*（Peragnde）

西花蓟马又称苜蓿蓟马，属缨翅目 Thysanoptera，蓟马科 Thripidae。该虫原产于北美洲，1955 年首先在夏威夷考艾岛发现，曾是美国加州最常见的一种蓟马。自 20 世纪 80 年代后，成为强势种类，对不同环境和杀虫剂抗性增强，因此，逐渐向外扩展。西花蓟马对农作物有极大的为害性。该虫以锉吸式口器取食植物的茎、叶、花、果，导致花瓣褪色、叶片皱缩，茎和果则形成伤疤，最终可能使植株枯萎，同时还传播番茄斑萎病毒在内的多种病毒。据了解，该虫曾导致美国夏威夷的番茄减产 50% ~ 90%。西花蓟马食性杂，目前，已知寄主植物多达 500 余种，主要有李、桃、苹果、葡萄、草莓、茄、辣椒、生菜、番茄、豆、兰花、菊花等，随着西花蓟马的不断扩散蔓延，其寄主种类一直在持续增加。据称，依据西花蓟马的习性分析，在其分布区内，几乎所有观赏类花卉均有夹带西花蓟马的可能。对于不同种类的寄主植物，西花蓟马虽有喜好程度的差别，但均能生存且具有相当的繁殖能力。杭州城区茅家埠等地有分布。

形态特征　雄成虫体长 0.9 ~ 1.1mm，雌成虫略大，长 1.3 ~ 1.4mm。触角 8 节，第二节顶点简单，第三节突起简单或外形轻微扭曲。身体颜色从红黄到棕褐色，腹节黄色，通常有灰色边缘。腹部第 8 节有梳状毛。头、胸两侧常有灰斑。眼前刚毛和眼后刚毛等长。前缘和后角刚毛发育完全，几等长。翅发育完全，边缘有灰色至黑色缨毛，在翅折叠时，可在腹中部下端形成一条黑线。翅上有两列刚毛。冬天的种群体色较深。卵长 0.2mm，白色，卵肾形。若虫黄色，眼浅红。与近似种威廉斯花蓟马 *Frankliniella williamsi*（Hood）的区别是：威廉斯花蓟马的雌虫身体上的刚毛黄颜色比西花蓟马淡。

发生规律　西花蓟马繁殖能力很强，个体细小，极具隐匿性，一般田间防治难以有效控制。在温室内的稳定温度下，一年可连续发生 12 ~ 15 代，雌虫行两性生殖和孤雌生殖。在 15 ~ 35℃均能发育，从卵到成虫只需 14d；27.2℃产子最多，一只雌虫可产卵 229 个，在通常的寄主植物上，发育迅速，且繁殖能力极强。

防治方法　西花蓟马由于虫体微小，具强趋触性，常生活于花、芽等隐蔽处，高繁殖性、短生活期，而且产卵于植物组织中，所以给化学防治带来很大的难度。一种药剂或一次喷药很难将其各个虫态全部或大部分杀死,多次或高浓度用药很容易使其产生抗药性。所以,近年主张对该虫的控制主要采用下列综合防控的方法。①植物检疫是防治危险性有害生物传播蔓延的首要措施。②采用天敌钝绥螨,每7天释放200～350头/平方米的处理中,完全可控制其为害。释放小花蝽也有良好防效,这些天敌在缺乏食物时能取食花粉,所以效果持久。③合理施药。昆虫生长调节剂如卡死克、抑太保、虱螨脲等效果较慢但持久,并可与捕食性天敌协同防治。

西花蓟马

西花蓟马翅脉

7. 栗大蚜 *Lachnus tropicalis* Van der Goot

又称板栗大蚜、栗枝黑大蚜,同翅目,蚜科。分布普遍,除为害板栗外,还为害白栎、麻栎等。成虫和若虫群集在新梢、嫩枝和叶背面吸食汁液,影响新梢生长和果实成熟,常导致树势衰弱,是板栗的重要害虫之一。除为害板栗外,还为害白栎、麻栎等。杭州地区在建德、桐庐板栗产区普遍分布。

形态特征 无翅孤雌蚜体长3～5mm,黑色,体背密被细长毛。腹部肥大呈球形,有翅孤雌蚜体略小,黑色,腹部色淡。翅痣狭长,翅有两型:一型翅透明,翅脉黑色;另一型翅暗色,翅脉黑色,前翅中部斜至后角有 2 个、前缘近顶角处有 1 个透明斑。卵长椭圆形,长约 1.5mm,初为暗褐色,后变黑色,有光泽。单层密集排列在枝干背阴处和粗枝基部。若虫体形似无翅孤雌蚜,但体较小,色较淡,多为黄褐色,稍大后渐变黑色,体较平直,近长圆形。有翅蚜胸部较发达,具翅芽。

发生规律 栗大蚜 1 年可发生 10 多代,以卵在栗树枝干芽腋及裂缝中越冬。次年 3 月底至 4 月上旬越冬卵孵化为干母,密集在枝干原处吸食汁液,成熟后胎生无翅孤雌蚜和繁殖后代。4 月底至 5 月上中旬达到繁殖盛期,也是全年为害最严重的时期,并大量分泌蜜露,污染树叶。5 月中、下旬开始产生有翅蚜,部分迁至夏寄主上繁殖。9 ~ 10 月又迁回栗树继续孤雌胎生繁殖,常群集在栗苞果梗处为害,11 月产生性母,性母再产生雌、雄蚜,交配后产卵越冬。栗大蚜在旬平均气温约 23℃,相对湿度 70% 左右繁殖适宜,一般 7 ~ 9d 即可完成 1 代。气温高于 25℃,湿度 80% 以上虫口密度逐渐下降。遇暴风雨冲刷会造成大量死亡。

防治方法 ①消灭越冬卵冬季或早春发芽前喷洒机油乳剂 50 ~ 60 倍液。或涂刷成片的卵。②药剂防治在板栗展叶前越冬卵已孵化后,选喷 10% 吡虫啉 2 000 倍液,80% 敌敌畏乳油 1 000 ~ 1 500 倍液,2.5% 溴氰菊酯乳油或 20% 杀灭菊酯乳油 4 000 ~ 5 000 倍液等。幼树可用乐果 5 倍液涂干,再用塑料薄膜包扎,效果良好,又不致杀伤天敌。

栗大蚜

8. 栗新链蚧 *Neoasterodiaspis castaneae*（Russell）

即栗链蚧 *Asterolecanium castaneae* Russell。栗新链蚧是为害板栗的一种主要害虫,主要以成虫和若虫集于主干、枝梢和叶片上吸食汁液。半翅目链蚧科。为害板栗树,它以若虫和成虫群集附着在栗树上进行为害。枝干被害处表皮下陷,凹凸不平;当年的新枝条被害后,表皮皱缩开裂,干枯而死;叶片被害呈淡黄色斑点。被害树生长不良,树势衰弱,产量显著下降,为害严重的能造成枝条或全株枯死。建德板区产区曾查到有分布。

形态特征 成虫雌雄异型。雌虫体梨形,褐色,长 0.5～0.8mm。介壳略呈圆形,直径约 1mm,黄绿色或黄褐色,背面突起,有 3 条纵脊和不明显的横带,体缘有粉红色刷状蜡丝,蜡丝成对长出,直立或稍弯曲,末端钝圆。雄虫体长 0.8～0.9mm,翅展 1.7～2.0mm,头近三角形,复眼黑色,口器退化,触角丝状,共 7 节,其中以第 7 节最长,第 2～6 节稍呈哑铃状,上生许多微毛。虫体淡褐色,胸部隆起,有深色横斑,腹末有一针状交尾器。翅一对,白色透明,略有光泽,翅面上有两条纵脉。介壳长椭圆形,淡黄色,背面突起,有一条较明显的纵脊,边缘蜡丝淡黄色。卵椭圆形,长 0.2～0.3mm,初期为乳白色,孵化前变为暗红色。1 龄若虫扁椭圆形,长约 0.5mm、触角丝状、足 3 对、有口器、腹部分节明显,末端着生一对细长毛,初期淡绿色,固定后变为红褐色。2 龄若虫触角和足消失,雌雄虫体异形,雌若虫介壳圆形,红褐色,雄若虫介壳长椭圆形,淡黄色,半透明。若虫介壳边缘蜡丝较少,浅黄色或浅红褐色,部分个体蜡丝末端稍弯曲。蛹仅雄虫有蛹,离蛹,圆锥形,褐色,长 0.8～0.9mm,前期眼睛和触角红色,后期眼睛变黑褐色,在介壳内化蛹。

发生规律 以受精雌成虫在板栗树枝干表皮上越冬。翌年 3 月开始活动,4 月产卵,卵期 15～20d。初孵化幼虫很活泼,1 天后固定下来,用口器刺入植物组织吸取养分,分泌蜡质,形成介壳。20～25d 后出现雌雄分化。雌虫群集在主干枝条上,雄虫化蛹羽化后与雌虫交尾。雌虫交尾后产卵形成第二代。如未发生 1 代受精,雌成虫不产卵即开始越冬。栗链蚧雌虫终生无翅,远距离传播主要通过苗木调运,近距离传播是树冠相互接触,风吹落虫及苗木嫁接等人为活动引起。因此,在田间发生并不均匀,往往是点片成灾。栗链蚧的天敌主要有瓢虫、草蛉、寄生蜂及寄

栗链蚧

生菌等。

防治方法 ①人工防治。从外地引入苗木或接穗时,要严格执行检疫制度。如发现栗链蚧,要进行药剂处理。方法是:用 15 ~ 25L 水,加 0.5kg 洗衣粉,将苗木浸在洗衣粉水溶液中 30min 左右,可杀死枝条上的介壳虫。②药剂防治。药剂防治的关键时期是若虫孵化初期,此时虫体活泼,尚未分泌蜡质,药剂易接触虫体。常用药剂有 80% 敌敌畏乳油、40% 乐果乳油或 50% 杀螟松乳油,均为 1 000 倍液。③保护天敌。在虫体固定后,尽量不喷杀虫剂,以保护红点唇瓢虫等捕食性天敌。

9. 角蜡蚧 *Ceroplastes ceriferus* Anderson

半翅目蚧科。寄生于茶、桑、柑橘、枇杷、无花果、荔枝、杨梅、芒果、石榴、苹果、梨、桃、李、杏、樱桃、无患子、珊瑚树等。以成、若虫为害枝干。受此蚧为害后叶片变黄,树干表面凸凹不平,树皮纵裂,致使树势逐渐衰弱,排泄的蜜露常诱致煤污病发生,严重者枝干枯死。临安、余杭有分布。

形态特征 雌成虫短椭圆形,长 6 ~ 9.5mm,宽约 8.7mm,高 5.5mm,蜡壳灰白色,死体黄褐色微红。周缘具角状蜡块:前端 3 块,两侧各 2 块,后端 1 块圆锥形较大如尾,背中部隆起呈半球形。触角 6 节,第 3 节最长。足短粗,体紫红色。雄体长 1.3mm,赤褐色,前翅发达,短宽微黄,后翅特化为平衡棒。卵椭圆形,长 0.3mm,紫红色。若虫初龄扁椭圆形,长 0.5mm,红褐色;2 龄出现蜡壳,雌蜡壳长椭圆形,乳白微红,前端具蜡突,两侧每边 4 块,后端 2 块,背面呈圆锥形稍向前弯曲;雄蜡壳椭圆形,长 2 ~ 2.5mm,背面隆起较低,周围有 13 个蜡突。雄蛹长 1.3mm,红褐色。

发生规律 1 年生 1 代,以受精雌虫于枝上越冬。翌春继续为害,6

月产卵于体下,卵期约1周。若虫期80~90d,雌脱3次皮羽化为成虫,雄脱2次皮为前蛹,进而化蛹,羽化期与雌同,交配后雄虫死亡,雌继续为害至越冬。初孵若虫雌多于枝上固着为害,雄多到叶上主脉两侧群集为害。每雌产卵250~3 000粒。卵在4月上旬至5月下旬陆续孵化,刚孵化的若虫暂在母体下停留片刻后,从母体下爬出分散在嫩叶、嫩枝上吸食为害,5~8d脱皮为二龄若虫,同时分泌白色蜡丝,在枝上固定。在成虫产卵和若虫刚孵化阶段,降水量大小,对种群数量影响很大。但干旱对其影响不大。

防治方法 ①剪除虫枝或刷除虫体。②刚落叶或发芽前喷含油量10%的柴油乳剂,如混用化学药剂效果更好。③5~6月初孵若虫分散转移期喷洒10%吡虫啉1 000倍液,也可用矿物油乳剂,夏秋季用200倍液,冬季用80倍液。

角蜡蚧

10. 紫薇绒蚧 *Eriococcus legerstroemiae* Kuwana

半翅目绒蚧科。为害紫薇、石榴等花木,以若虫和雌成虫寄生于植株枝、干和芽腋等处,吸食汁液。其排泄物能诱发煤污病,影响花卉的生长发育和观赏。虫口密度大时枝叶发黑,叶子早落,开花不正常,甚至全株枯死。绒蚧在杭州城区有发生,为园林植物的重要害虫,杭州城区有分布。

形态特征 雌成虫扁平,椭圆形,长 2~3mm,暗紫红色,老熟时外包白色绒质蚧壳。雄成虫体长约 0.3mm,翅展约 1mm,紫红色。卵呈卵圆形,紫红色,长约 0.25mm。若虫椭圆形,紫红色,虫体周缘有刺突。雄蛹紫褐色,长卵圆形,外包以袋状绒质白色茧。

发生规律 该虫发生代数因地区而异,一年发生 2~4 代;如北京地区一年发生 2 代,上海一年发生 3 代,山东一年能发生 4 代。绒蚧越冬虫态有受精雌虫、2 龄若虫或卵等,各地不尽相同,通常在枝干的裂缝内越冬。每年的 6 月上旬至 7 月中旬以及 8 中下旬至 9 月为若虫孵化盛期,但像上海、山东等一年发生 3~4 代的地区,在 3 月底至 4 月初就能发现第一代若虫为害。绒蚧在温暖高湿环境下繁殖快,干热对它的发育不利。

防治方法 ①结合冬季整形修剪,清除虫害为害严重、带有越冬虫态的枝条。②药剂防治对发生严重地的区,除加强冬季修剪与养护外,可在早春萌芽前喷洒 3~5°Be 石硫合剂,杀死越冬若虫。苗木生长季节,要抓住若虫孵化期用药,可选用喷洒 40%速扑杀乳油 1 500 倍液,用 48% 毒死蜱乳油(乐斯本)1 200 倍液,或 50%杀螟松乳油 800 倍液等。

紫薇绒蚧

11. 吹绵蚧 *Icerya purchasi* Maskell

半翅目硕蚧科。世界性分布,常见于多种植物(金合欢、柳、橘、海桐)上,对枸橼科植物为害甚烈。杭州城区、临安有分布。

形态特征 雄成虫体长 3mm,翅长 3～3.5mm。虫体橘红色;触角11 节,每节轮生长毛数根;胸部黑色;翅紫黑色;腹部 8 节,末节有瘤状突起 2 个。雌虫体长 6～7mm;身体橙黄色,椭圆形;无翅;触角们节,黑色两性虫体腹部扁平,背面隆起,上被淡黄白色蜡质物,腹部周缘有小瘤状突起 10 余个并分泌遮盖身体的绵团状蜡粉。

发生规律 每年完成 2～3 代,多以若虫态过冬,一般 4～6 月发生严重,温暖潮湿的气候有利于虫害的发生。主要为害柑橘、油桐、苹果、梨等林木和果树。

防治方法 ①3～4 月修剪虫害枯枝,同时加强肥水管理,促发新芽。②3 月中、下旬用 10% 吡虫啉乳油加上 5 倍柴油、或用 50% 辛硫磷乳剂 50kg 对水 500kg,涂刷树干离地 50cm 高处,操作时先刮除老皮20cm 宽环状,涂后用塑料薄膜包扎。③5 月初随机选 10 个有虫枝条,放入玻管塞上棉花,放在室内阴凉处,每天观察,再结合林间观察,在林间若虫盛孵期用药。一般年份是在 5 月中、下旬,此时采用喷药的方法进行防治效果最好,如虫口密度大,6 月上旬再治一次。药剂每 hm^2 可用10% 吡虫啉乳油,40% 乐斯本乳油,40% 杀扑磷乳油 1 000 ml 对水1 000kg,20% 速灭杀丁乳油 50ml 对水 75kg,10% 氯氰菊酯乳油 50ml 对水 75kg 或用40% 速扑杀乳油 1 000ml 对水 1 000kg 治一次即可;④冬季清园可用 95% 机油乳剂 60～80倍液杀灭越冬虫态。

吹绵蚧

12. 栗绛蚧 *Kermes nawae* Kuwana

半翅目红蚧科,又名板栗球坚蚧。被害树1个枝条上球蚧多者可达几十个,而在枝杈处或芽附近常4~8个集生一处;以若虫和雌成虫群集在枝条上刺吸汁液,被害枝易干枯死亡,导致树体衰弱,生长结实不良,栗实减产。建德板栗产区有分布。

形态特征　成虫:雌、雄异型,雌虫介壳球形,直径5.0~6.8mm,初期为嫩绿色至黄绿色,体壁软而脆,腹部末端有1个小水珠,称为"吊珠";随着虫体的长大,体色加深,体背隆起,体表光滑,其中,有黑褐色不规则的圆形或椭圆形斑,每斑中央有1个凹陷的小刻点,腹部末端有1个大而明显的圆形黑斑;雄成虫有1对翅,体长约1.49mm,翅展约3.09mm,棕褐色,单眼3对、在头顶呈倒"八"字形。卵。长椭圆形,长约0.2mm,初期乳白色或无色透明,孵化前变为紫红色。初孵若虫。长椭圆形,体长0.3mm,淡黄色,触角丝状,尾毛1对,两尾毛间有4根臀刺;1龄若虫体呈黄棕色;2龄若虫体呈椭圆形,体长0.54mm,肉红色,体背常黏附有1龄若虫的虫蜕。蛹。仅雄虫有蛹,离蛹,长椭圆形,黄褐色。茧。扁椭圆形,长约1.65mm,白色丝质。

发生规律　每年完成1代,以若虫态过冬,一般4~6月间发生严重,温暖潮湿的气候有利于虫害的发生。主要为害壳斗科植物。

防治方法　①3~4月修剪虫害枯枝,同时加强肥水管理,促发新芽。②3月中、下旬用10%吡虫啉乳油加上5倍柴油,或用50%辛硫磷乳剂50kg对水500kg,涂刷树干离地50cm高处,操作时先刮除老皮20cm宽环状,涂后用塑料薄膜包扎。③5月初随机选10个有虫枝条,放入玻管塞上棉花,放在室内阴凉处,每天观察,再结合林间观察,在林间若虫盛孵期用药。一般年份是在5月中、下旬,此时采用喷药的方法进行防治效果最好,如虫口密度大,6月上旬再治一次。药剂每hm² 可用10%吡虫啉乳油,40%乐斯本乳油,40%杀扑磷乳油1 000 ml对水1 000kg,20%速灭杀丁乳油50ml对水75kg,10%氯氰菊酯乳油50ml对水75kg或用40%速扑杀乳油1 000 ml对水1 000kg治一次即可;④冬季清园可用95%机油乳剂60~80倍杀灭越冬虫态。

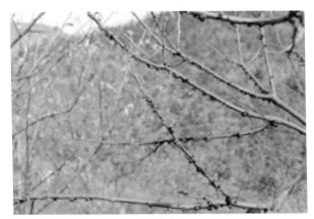

栗绛蚧为害

栗绛蚧

13. 日本松干蚧 *Matsucoccus matsumurae*（Kuwana）

日本松干蚧属同翅目（Homoptera）蚧总科（Coccoidea）珠蚧科（Margarodidae）。

是龄若虫松树枝干的一种严重害虫。5~15年生松树受害最重,主要以二龄若虫在阴面枝梢上为害,造成枝干向阳面倾斜弯曲,或枝条软化下垂,针叶枯黄脱落,枝梢萎蔫,树皮增厚。寄主为马尾松、黑松、油松、火距松、黄山松等松属植物。建德有分布。

形态特点 雌成虫卵圆形或椭圆形,橙褐色或橙红色。头端略窄,腹末肥大。触角9节,基部二节肥大,其余为念珠状。

发生规律 该虫在我国1年2代。主要以一龄若虫越冬越夏。在松树的老叶基部吸食汁液为害,其次在刚抽的嫩梢基部、新鲜球果的果鳞和新长针叶柔嫩的中下部。而在叶鞘上部的针叶、嫩梢和球果则多为雄蚧。致使被害处变色发黑、缢缩或腐烂,针叶上部枯黄,严重时脱落。新抽的枝条变短、变黄,以致全株枯死。该蚧虫为卵胎生。卵在体腔内胚胎已大体完成发育,产出后在数分钟内或在卵粒离母体后即行孵化,产卵与孵化几乎同时进行。若虫孵化后在母体蜡壳内,约活动数小时或更长时间,待气候适宜时即行涌散寻找寄主生活。初孵若虫有向上或来往迅速爬行一段时间的习性,待寻找适宜的部位后,将口针插入寄主组织内,营固定寄主。当若虫固定后1小时以上便开始泌蜡,经24~36h后蜡壳可完全盖住虫体。雌若虫在第二次蜕皮后进入成虫期,继而开始孕卵。产卵前期是雌成虫大量取食阶段,对寄主造成严重为害。雄若虫在2龄后化蛹。因此末龄若虫发育期一般比雌若虫稍短。雄成虫不能作远距离飞翔。雌成虫产卵期长而卵期又极为短暂,以至任一时期都可见各虫态的不同发育阶段。据观察,各代若虫为害期分别在4月中旬至10月中旬。孵化高峰:第一代4/下至6/中;第二代10~11月。该蚧虫可以若虫爬行或借助风力作近距离扩散,并随寄主苗木、接穗、新鲜球果及原木、枝丫、盆景等的调运作远距离传播。

防治方法 ①对发生区的马尾松、湿地松、黑松、加勒比松等松属植物的枝条针叶和球果,应严格禁止外运,一律就地做薪炭材使用或药剂处理。木材调运要剥皮。②对疫区或疫情发生区的各种松类苗木、盆景、圣诞树等特殊用苗,一般不准调出。必须调出时应严格实行检疫,取样要多,观察要仔细,一旦发现,用松脂柴油乳剂(0 号柴油:松脂:碳酸钠=22.2:38.9:5.6)3~4 倍稀释液、40% 速扑杀乳油 800~1 000 倍液均匀喷洒或销毁处理。③对该蚧虫为害的松林应适当进行修枝间伐,保持冠高比为 2:5,侧枝保留 6 轮以上,以降低虫口密度,增强树势。

日本松干蚧为害果

日本松干蚧为害杆

日本松干蚧症状为害松枝

14. 竹巢粉蚧 *Nesticoccus sinensis* Tang

又称竹灰球粉蚧,属半翅目粉蚧科。可以为害紫竹、淡竹、刚竹、金镶玉竹、碧玉间黄金竹、红壳竹等多种竹类。以成、若虫寄生在小枝腋间、叶鞘内吸汁为害,后期形成灰褐色球状蜡壳,致使枝叶枯萎,生长缓慢,竹丛衰败,并影响出笋。余杭、临安有分布。

形态特征 雌成虫呈梨形,前端略尖,后端宽大,全体硬化。直径1.5~2mm,紫褐色,外被以灰褐色带石灰质混有杂屑的球形蜡壳。雄成虫体长约1.3mm,头胸红褐色,腹部淡黄色。腹末具性刺和两根尾毛。卵长椭圆形,红褐色。若虫椭圆形,茶褐色,体背有两对背裂,腹末有两根长尾毛。雄蛹梭形,红褐色。茧椭圆形,由白色蜡丝组成。

发生规律 1年发生1代,以受精雌成虫在当年新梢的叶鞘内越冬;翌年春继续取食,孕卵,虫体膨大成球形;4月下旬产卵于体下,5~6月间孵化为初孵若虫,很快爬行至新梢叶鞘内固着吸汁为害,同时体上分泌出白色蜡粉。5月下旬雄若虫从叶鞘基部爬至端部结茧化蛹,6月间羽化为雄成虫,此间雌成虫也羽化;雌雄交尾后,雄成虫很快死亡,雌成虫为害至10月陆续越冬。

防治方法 ①加强竹林管理。及时中耕松土,科学肥水,合理砍伐,保持竹林适当密度,提高植株抗性,减少虫害;根据该虫聚集为害习性,人工刮除,对于为害严重的植株应该及早挖除。②保护和利用瓢虫、寄生蜂和草蛉等天敌。③药剂防治。掌握若虫孵化期喷洒25%喹硫磷乳油500~1 000倍液,或用20%稻虱净乳油1 500~2 000倍液。

竹巢粉蚧

竹巢粉蚧为害状

15. 桑白蚧 *Pseudaulacaspis pentagona* (Targioni Tozzetti)

桑白蚧又名桑盾蚧、桃介壳虫,是南方桃、李树的重要害虫,以雌成虫和若虫群集固着在枝干上吸食养分,严重时灰白色的介壳密集重叠,形成枝条表面凹凸不平,树势衰弱,枯枝增多,甚至全株死亡。若不加有效防治,3～5 年内可将全园毁灭。除桃、李外,尚可为害梅、杏、桑、茶、柿、枇杷、无花果、山核桃、杨、柳、丁香、苦楝等多种果树林木。该虫在各地均有发生。杭州城区、余杭的桃树、桑树上、临安的山核桃上有分布。

形态特征 桑白蚧属同翅目,盾蚧科。雌成虫橙黄或橙红色,体扁平卵圆形,长约 1mm,腹部分节明显。雌介壳圆形,直径 2～2.5mm,略隆起,有螺旋纹,灰白至灰褐色,壳点黄褐色,在介壳中央偏旁。雄成虫橙黄至橙红色,体长 0.6～0.7mm,仅有翅 1 对。雄介壳细长,白色,长约 1mm,背面有 3 条纵脊,壳点橙黄色,位于介壳的前端。卵椭圆形,长径仅 0.25～0.3mm。初产时淡粉红色,渐变淡黄褐色,孵化前橙红色。初孵若虫淡黄褐色,扁椭圆形、体长 0.3mm 左右,可见触角、复眼和足,能爬行,腹末端具尾毛两根,体表有绵毛状物遮盖。脱皮之后眼、触角、足、尾毛均退化或消失,开始分泌蜡质介壳。

发生规律 每年发生 3 代,主要以受精雌虫在寄主上越冬。春天,越冬雌虫开始吸食树液,虫体迅速膨大,体内卵粒逐渐形成,遂产卵在介壳内,每雌产卵 50～120 粒。卵期 10d 左右(夏秋季节卵期 4～7d)。若虫孵出后具触角、复眼和胸足,从介壳底下各自爬向合适的处所,以口针插入树皮组织吸食汁液后就固定不再移动,经 5～7d 开始分泌出白色蜡粉覆盖于体上。雌若虫期 2 龄,第 2 次脱皮后变为雌成虫。雄若虫期也为 2 龄,脱第 2 次皮后变为"前蛹",再经脱皮为"蛹",最后羽化为具翅的雄成虫。但雄成虫寿命仅 1d 左右,交尾后不久就死亡。

防治方法 ①3～4 月修剪虫害枯枝,同时加强肥水管理,促发新芽。②3 月中、下旬用 10% 吡虫啉乳油加上 5 倍柴油、或 50% 辛硫磷乳剂 50kg 对水 500kg,涂刷树干离地 50cm 高处,操作时先刮除老皮 20cm 宽环状,涂后用塑料薄膜包扎。③5 月初随机选 10 个有虫枝条,放入玻管塞上棉花,放在室内阴凉处,每天观察,再结合林间观察,在林间若虫盛孵期用药。一般年份是在 5 月中、下旬,此时采用喷药的方法进行防治效果最好,如虫口密度大,6 月上旬再治一次。药剂每 hm^2 可用 10%

吡虫啉乳油,40%乐斯本乳油,40%杀扑磷乳油 1 000 ml 对水 1 000kg,20%速灭杀丁乳油50ml 对水75kg,10%氯氰菊酯乳油50ml 对水75kg 或用40%速扑杀乳油 1 000 ml 对水 1 000kg 治一次即可。④冬季清园可用95%机油乳剂 60~80 倍液杀灭越冬虫态。

山核桃上桑白蚧

桑白蚧

桑白蚧症状

16. 梨圆蚧 *Quadraspidiotus perniciosus*（Comstock）

梨圆蚧又名梨枝圆盾蚧、梨笠圆盾蚧。为害寄主植物是梨、苹果、枣、桃、核桃、栗、葡萄、柿、山楂、柑橘、柠檬、草莓等果树和部分林木，寄主植物范围甚广，约 150 种。该虫是世界性危险害虫。主要为害枝条、果实和叶片。枝条上常密集许多蚧虫，被害处呈红色圆斑，严重时皮层爆裂，甚至枯死。果实受害后，在虫体周围出现一圈红晕，虫多时呈现一片红色，严重时造成果面龟裂，商品价值下降。红色果实虫体下面的果面不能着色，擦去虫体果面出现许多小斑点。余杭有分布。

形态特征　成虫雌虫蚧壳扁圆锥形，直径 1.6 ~ 1.8mm。灰白色或暗灰色，蚧壳表面有轮纹。中心鼓起似中央有尖的扁圆锥体，壳顶黄白色，虫体橙黄色，刺吸口器似丝状，位于腹面中央，腿足均已退化。雄虫体长 0.6mm，有一膜质翅，翅展约 1.2mm，橙黄色，头部略淡，眼暗紫色，触角念珠状，10 节，交配器剑状，蚧壳长椭圆形，约 1.2mm，常有 3 条轮纹，壳点偏一端。若虫初孵若虫约 0.2mm，椭圆形淡黄色，眼、触角、足俱全，能爬行，口针比身体长弯曲于腹面，腹末有 2 根长毛，2 龄开始分泌蚧壳。眼、触角、足及尾毛均退化消失。3 龄雌雄可分开，雌虫蚧壳变圆，雄虫蚧壳变长。

发生规律　在南方发生 4 ~ 5 代。以 2 龄若虫和少数雌成蚧越冬。翌年果树开始生长时，越冬若虫继续为害。在辽宁兴城，越冬若虫到 6 月份发育为成虫，并开始产子；越冬雌成蚧在 5 月开始繁殖，由于越冬虫态不同，产子期拉得很长，造成世代重叠，第一代若虫发生期在 7 ~ 9 月，第二代在 9 ~ 11 月。山东烟台地区，第一代若虫盛发期在 6 月下旬，第二代在 8 月上中旬。河南兰考地区，第一代若虫盛期在 6 月上中旬。成蚧可两性生殖，也可孤雌生殖。成蚧直接产卵于介壳下。若虫出壳后迅速爬行，分散到枝、叶和果实上为害，2 ~ 5 年生枝条被害较多，若虫爬行一段时间后即固定下来，开始分泌介壳。雄成蚧羽化后即可交尾，之后死亡。雌成蚧继续在原处取食一段时间，同时繁殖后代，之后死亡。梨圆蚧远距离传播主要是通过苗木、接穗或果品运输。近距离传播主要借助于风、鸟或大型昆虫等的迁移携带。

防治方法　①结合冬季修剪，剪除介壳虫寄生严重的枝条，集中烧毁，同时加强检疫引种。②树木休眠期喷药，花芽开绽前，喷 5°Be 石硫合剂、5%柴油乳油或35%煤焦油乳剂,细致周到的喷雾可收到良好效果。生长季节喷药:在越冬代成虫产子期连续喷药,发现开始产子后6~7d开始喷药,6天后再喷1次。药剂种类和浓度:40%乐果乳油1 000倍液,20%杀灭菊酯3 000倍液,20%菊马乳油1 000~2 000倍液。

梨圆蚧虫体

梨圆蚧介壳

17. 悬铃木方翅网蝽 *Corythucha ciliate* Say

半翅目网蝽科。主要为害悬铃木属树种,特别是对一球悬铃木(Platanus occidentalis L)的叶片为害尤为严重,其他寄主有构树、杜鹃花科、山核桃树、白蜡树。成虫和若虫以刺吸寄主树木叶片汁液为害为主,受害叶片正面形成许多密集的白色斑点,叶背面出现锈色斑,从而抑制寄主植物的光合作用,影响植株正常生长,导致树势衰弱。受害严重的树木,叶片枯黄脱落,严重影响景观效果。同时携带危险病菌间接为害,从而产生更大的间接潜在为害。杭州城区有分布。

形态特征 悬铃木方翅网蝽虫体乳白色,在两翅基部隆起处的后方有褐色斑;体长 3.2 ~ 3.7mm,头兜发达,盔状,头兜的高度较中纵脊稍高;头兜、侧背板、中纵脊和前翅表面的网肋上密生小刺,侧背板和前翅外缘的刺列十分明显;前翅显著超过腹部末端,静止时前翅近长方形;足细长,腿节不加粗;后胸臭腺孔远离侧板外缘。若虫体形似成虫,但无翅,共 5 龄。

发生规律 成虫寿命大约 1 个月,它的繁殖量非常大,每只成虫能产卵 200 ~ 300 个,每年发生 4 ~ 5 代,雌虫产卵时先用口针刺吸叶背主脉或侧脉,伸出产卵器插入刺吸点产卵,产完卵后分泌褐色黏液覆在卵盖上,卵盖外露。而一只成虫的最远飞行距离可达到 20km。繁殖能力强、耐寒,成虫在寄主树皮下或树皮裂缝内越冬。悬铃木方翅网蝽 1 个世代大约 30d,1 年可发生 2 至 5 代或更多世代,世代重叠严重;每个雌虫平均可产卵 284 个,成虫最低存活温度为 −12.2℃。

防治方法 ①秋季刮除疏松树皮层并及时收集销毁落叶可减少越冬虫的数量。该蝽出蛰时对降水敏感,可于春季出蛰结合浇水对树冠虫叶进行冲刷,也可在秋季采用树冠冲刷方法来减少越冬虫量。②适时修剪亦可减少发生世代数。经常修剪的悬铃木在春季和夏季都会萌发新叶并形成旺长枝,从而提供害虫的春季和夏季世代所需食物。而隔 5 至 6 年才修剪的树体主要形成花枝,只在春季萌发新叶,所以害虫只能发生春季世代。③化学防治 在发生期,对树冠喷施 10% 吡虫啉 600 ~ 800 倍液或48% 毒死蜱乳油 800 ~ 1 000 倍液喷雾,间隔 7 ~ 10d 喷一次,根据为害程度连喷 2 ~ 3 次,即可达到防治效果。

悬铃木方翅网蝽成虫

悬铃木方翅网蝽为害状

18. 松褐天牛 *Monochamus alternatus* Hope

松褐天牛是为害松树的主要蛀干害虫,其成虫补充营养,啃食嫩枝皮,造成寄主衰弱;幼虫钻蛀树干,致松树枯死。更为严重的是该天牛是传播松树毁灭性病害——松材线虫病的媒介昆虫。杭州各地均有分布。

形态特征 成虫体长15～28mm,宽4.5～9.5mm,橙黄色到赤褐色。触角棕栗色,雄虫触角第1第2节全部和第3节基部具有稀疏的灰白色绒毛;雌虫触角除末端第2第3节外,其余各节大部灰白色,只末端一小环为深色。雄虫触角超过体长一倍多,雌虫触角约超出1/3。前胸宽大于长,多皱纹,侧刺突较大。前胸背板有两条相当阔的橙黄色纵纹,与3条黑色绒纹相间。小盾片密被橙黄色绒毛。每一鞘翅具5条纵纹,由方形或长方形的黑色及灰白色绒毛斑点相间组成。腹面及足杂有灰白色绒毛。卵长约4mm,乳白色,略呈镰刀形。幼虫乳白色,扁圆筒形,老熟时体长可达43mm。头部黑褐色,前胸背板褐色,中央有波状横纹。蛹乳白色,圆筒形,体长20～26mm。

发生规律 此虫一年发生1代,以老熟幼虫在木质部坑道中越冬。6月为活动盛期,在9月还发现成虫活动、产卵。成虫性成熟后,在树皮上咬一眼状刻槽,然后于其中产1粒至数粒卵。幼虫孵出后即蛀入皮下,幼虫初龄时在树皮下蛀食,在内皮和边材形成宽而不规则的平坑,使树木输导系统受到破坏,坑道内充满褐色虫粪和白色纤维状蛀屑。秋天穿凿扁圆形孔侵入木质部3～4cm,即向上或下方蛀纵坑道,坑道长5～10cm,然后弯向外蛀食至边材,在坑道末端筑蛹室化蛹,整个坑道呈"U"状,蛀屑除坑道末端靠近蛹室附近留下少数外,大部均推出堆积树皮下,坑道内很干净。成虫产卵活动需要较多的光线,在温度20℃左右最适宜,故一般在稀疏的林分发生较重,郁闭度大的林分,则以林缘感染最多;或自林中空地先发生,再向四周蔓延。伐倒木如不及时运出林外,留在林中过夏,或不经剥皮处理,则很快即被此虫侵害。

防治方法 ①营林措施 主要采用加强栽培管理、捕杀成虫、刮除虫卵和初期幼虫、钩杀蛀道内的幼虫和蛹等一套完整的技术措施。栽培管理上促使植株生长旺盛,保持树体光滑,以减少天牛成虫产卵的机会。及早砍伐处理虫口密度大、已失去生产价值的衰老树,以减少虫源,剪下的虫枝和伐倒的虫害木应在四月前处理完毕。②诱杀成虫 在天牛成虫

5～6月盛发期,采用诱捕器诱杀成虫。③生物防治 管氏肿腿蜂寄生天牛幼虫。螳螂能捕食天牛幼虫。蚂蚁类能侵入天牛虫道搬食天牛幼虫或蛹。其中管氏肿腿蜂已在生产上大面积应用。④化学防治 成虫发生期用2.5％溴氰菊酯微胶囊1 000ml对水2 000kg、3％噻虫啉微胶囊1 000ml对水1 000kg喷药于树冠表面致湿润,隔30d再治一次。

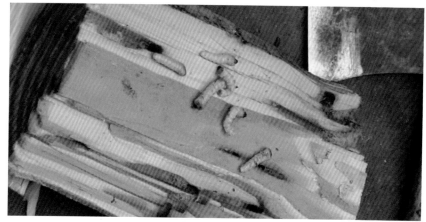

松褐天牛幼虫

松褐天牛产卵痕和蛀屑

32

19. 星天牛 *Anoplophora chinensis* Forster

成虫咬食嫩枝皮层,形成枯梢,也食叶成缺刻状。幼虫为害柑橘、柳树等多种树木。幼虫蛀害树干基部和主根,严重影响到树体的生长发育。幼虫一般蛀食较大植株的基干,在木质部乃至根部为害,树干下有成堆虫粪,使植株生长衰退乃至死亡。杭州各地均有分布。

形态特征 星天牛体翅黑色,每鞘翅有多个白点。它体长50mm,头宽20mm。体色为亮黑色;前胸背板左右各有一枚白点;翅鞘散生许多白点,白点大小个体差异颇大。此虫体长约4cm,体型壮硕黑亮,翅鞘上有白色斑点,十分醒目。本种与光肩星天牛的区别就在于鞘翅基部有黑色小颗粒,而后者鞘翅基部光滑。触角呈丝状,黑白相间,长约10cm。雄虫触角倍长于体,雌虫稍过体长。卵长椭圆形,长5~6mm,宽2.2~2.4mm。初产时白色,以后渐变为浅黄白色。老熟幼虫体长38~60mm,乳白色至淡黄色。头部褐色,长方形,中部前方较宽,后方溢入;额缝不明显,上颚较狭长,单眼1对,棕褐色;触角小,3节,第2节横宽,第3节近方形。前胸略扁,背板骨化区呈"凸"字形,凸字形纹上方有两个飞鸟形纹。气孔9对,深褐色。蛹纺锤形,长30~38mm,初化之蛹淡黄色,羽化前各部分逐渐变为黄褐色至黑色。翅芽超过腹部第3节后缘。

发生规律 反应较为敏捷,在浙江南部一年发生1代,个别地区三年2代或二年1代,以幼虫在被害寄主木质部内越冬。越冬幼虫于次年3月以后开始活动,在浙江于清明节前后多数幼虫凿成长3.5~4cm,宽1.8~2.3cm的蛹室和直通表皮的圆形羽化孔,虫体逐渐缩小,不取食,伏于蛹室内,4月上旬气温稳定到15℃以上时开始化蛹,5月下旬化蛹基本结束。蛹期长短各地不一,19~33d。杭州6月中成虫大量羽化,成虫羽化后在蛹室停留4~8d,待身体变硬后6月底从圆形羽化孔大量外出,啃食寄主幼嫩枝梢树皮作补充营养,10~15d后才交尾。当幼虫孵化时,它会咀嚼入树内,造成一条通道用来结蛹。由产卵至结蛹及成虫为期可以达12~18个月。雌成虫在树干基部产卵,7月上旬为产卵高峰,以树干基部向上10cm以内为多,占76%;10cm到1m内为18%,并与树干胸径粗度有关,以胸径6~15cm为多,而7~9cm占50%。产卵前先在树皮上咬深约2mm,长约8mm的"T"或"人"形刻槽,再将产卵管插入刻槽一边的树皮夹缝中产卵,一般每一刻槽产1粒,产卵后分泌一种胶状物质封口,每一雌虫一生可产卵23～32粒,最多可达71粒。成虫寿命一般40～50d,从5月下旬开始至7月下旬均有成虫活动。飞行距离可达40～50m。卵期9～15d,于6月中旬孵化。7月上旬为孵化高峰,幼虫孵出后,即从产卵处蛀入,向下蛀食于表皮和木质部之间,形成不规则的扁平虫道,虫道中充满虫粪。一个月后开始向木质部蛀食,蛀至木质部2～3cm深度就转向上蛀,上蛀高度不一,蛀道加宽,并开有通气孔,从中排出粪便。9月下旬后,绝大部分幼虫转头向下,顺着原虫道向下移动,至蛀入孔后,再开辟新虫道向下部蛀进,并在其中为害和越冬,整个幼虫期长达10个月,虫道长35～57cm。

防治方法 ①营林措施。主要采用加强栽培管理、捕杀成虫、刮除虫卵和初期幼虫、钩杀蛀道内的幼虫和蛹等一套完整的技术措施。栽培管理上促使植株生长旺盛,保持树体光滑,以减少天牛成虫产卵的机会。枝干孔洞用黏土堵塞,及早砍伐处理虫口密度大、已失去生产价值的衰老树,以减少虫源,剪下的虫枝和伐倒的虫害木应在4月前处理完毕。树干涂白以避免天牛产卵,涂白剂配方为生石灰10份,硫黄1份,食盐0.2份,兽油0.2份,水40份。②捕杀成虫。尽量消灭成虫于产卵之前。在天牛成虫盛发期,发动群众开展捕杀。星天牛可在6～7月晴天中午经常检查树干基近根处,进行捕杀。③刮除虫卵和初期幼虫。在6～8月间经常检查树干及大枝,根据星天牛产卵痕的特点,发现星天牛的卵可用刀刮除,在刮刺卵和幼虫的伤口处,可涂浓厚石硫合剂。④钩杀幼虫。幼虫蛀入木质部后可用钢丝钩杀。⑤生物防治。天牛类害虫在自然界有不少天敌。我国已知有桑天牛澳洲跳小蜂、云斑天牛卵跳小蜂和短跗皂莫跳小蜂、天牛卵姬小蜂寄生天牛卵。管氏肿腿蜂寄生天牛幼虫。蠼螋能捕食天牛幼虫。蚂蚁类能侵入天牛虫道搬食天牛幼虫或蛹。其中管氏肿腿蜂已在生产上大面积应用。⑥化学防治。幼虫发生期施药塞洞 幼虫已蛀入木质部则可用小棉球浸80%敌敌畏乳油按1∶10对水塞入虫孔,或用磷化铝毒签塞入虫孔,再用黏泥封口。如遇虫龄较大的天牛时,要注意封闭所有排泄孔及相通的老虫孔。隔5～7d查一次,如有新鲜粪便排出再治一次。用兽医用注射器打针法向虫孔注入80%敌敌畏乳油1ml,再用湿泥封塞虫孔,效果较好,杀虫率可达100%,此法对树木无损伤。幼虫蛀入木质部较深时,可用棉花蘸农药或用毒签送入洞内毒杀;或向洞内塞入56%磷化铝片剂0.1g,或用80%敌敌畏乳油2

倍液 0.5ml 注孔;施药前要掏光虫粪,施药后用石灰、黄泥封闭全部虫孔。成虫发生期用 2.5%溴氰菊酯乳油 1 000ml 对水 2 000kg、50%杀螟松乳油 1 000ml 对水 1 000kg、80%敌敌畏乳油 1 000ml 对水 1 000kg 喷药于主干基部表面致湿润,5～7d 再治一次。

星天牛交尾

星天牛

星天牛为害树干

星天牛为害

星天牛为害的锯屑

20. 光肩星天牛 *Anoplophora glabripennis* Mostchulsky

光肩星天牛为害悬铃木、柳、杨。为害特点:幼虫蛀食树干,为害轻的降低木材质量,严重的能引起树木枯梢和风折;成虫咬食树叶或小树枝皮和木质部。临安有分布。

形态特征 光肩星天牛体翅黑色,每鞘翅有多个白点。体色为亮黑色;翅鞘散生许多白点,白点大小个体差异颇大。本种与星天牛的区别就在于鞘翅基部没有黑色小颗粒,而后者鞘翅基部有黑色小颗粒。

发生规律 与星天牛相似,在浙江南部一年发生1代,个别地区三年2代或二年1代,以幼虫在被害寄主木质部内越冬。杭州6月中成虫大量羽化,成虫羽化后在蛹室停留4~8d,待身体变硬后6月底从圆形羽化孔大量外出,啃食寄主幼嫩枝梢树皮作补充营养,10~15d后才交尾。与星天牛不同,雌成虫可在树干中部和侧枝产卵。

防治方法 参照星天牛。

光肩星天牛

21. 黑星天牛 *Anoplophora leechi* Gahan

黑星天牛为害板栗,幼虫蛀食树干,严重的能引起树木枯梢和风折;成虫咬食树叶或小树枝皮和木质部。建德板栗产区有分布。

形态特征 黑星天牛体翅为亮黑色。鞘翅光滑。

发生规律 与星天牛相似,在浙江南部一年发生1代,个别地区三年2代或二年1代,以幼虫在被害寄主木质部内越冬。杭州6月中成虫大量羽化,成虫羽化后在蛹室停留4~8d,待身体变硬后6月底从圆形羽化孔大量外出,啃食寄主幼嫩枝梢树皮作补充营养,10~15d后才交尾。与星天牛相似,雌成虫在树干基部产卵。

防治方法 参照星天牛。

黑星天牛

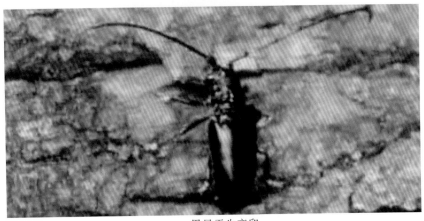

黑星天牛产卵

22. 栎旋木柄天牛 *Aphrodisium sauteri* (Matsushiea)

鞘翅目,天牛科,是中国南方地区栎林的重要害虫之一。该虫主要分于河南、安徽等省,2012 年发现在临安大明山严重发生。主要为害栓皮栎、麻栎、青冈栎、僵子栎。幼虫在边材凿成 1 条或多条螺旋形坑道,多为害栎类幼树主干,使树木遇风即折。

形态特征　成虫墨绿色,有金属光泽,体长 21～34mm,体宽 5～8mm。头部具细密刻点,触角鞭状,紫蓝色,着生于两复眼之间,外端突出呈刺状。前胸背板长宽约等,前后缘有凹沟。鞘翅长条形,两端近于平行,翅面密被刻点,其上有 3 条略凸的暗色纵带。前足和中足腿节端部显著膨大,酱红色,呈梨状。后足胫节和第一跗节特别扁平而长。卵长椭圆形,长 3～3.6mm,橘黄色,后端稍浑圆。幼虫老熟幼虫体长 37～48mm,淡橘黄色。头部褐色,缩入前角,细长扁圆形。前胸背板矩形,光滑,黄白色,中纵沟明显,前端有一个"凹"字形褐色斑纹。蛹乳白色,长 21～38mm,宽 6～10mm,腹部各节背面有褐色短刺排列"W"字形。

发生规律　2 年发生 1 代,以幼虫在枝干虫道内越冬二次。第三年 5 月上旬至 6 月下旬化蛹,6 月下旬至 7 月下旬为成虫羽化期。羽化时间多在 9～10 时。刚羽化的成虫体软色淡,在蛹室内停留 1～2d,体壁变硬并成紫罗兰色光泽,之后咬皮出孔。羽化孔椭圆形,成虫爬出后,在树干上来回爬行并抖动鞘翅。约 30min 即飞去,成虫无趋光性,不进行补充营养,羽化后 1～2d 开始交尾,以 10～15 时和 21 时多见。成虫可交尾 10～12 次,需 1～3 个小时。在雌虫产卵期仍可交尾,雌成虫第 1 次交尾后 1～2d 开始产卵,产卵于 8 时至日落前进行,多见于 10～15 时。平均每雌虫产卵 12 粒,未交尾雌虫也可产卵,但卵很快干瘪。成虫飞翔能力强。雌雄比为 1∶0.9。成虫寿命为 12～16d,平均为 13d。卵散产于树木枝干、皮缝或节疤间,产卵部位以树干粗度增大而升高。树干胸径 5cm 以下产卵部位多在 1～2m 处;树干胸径 6～10cm 粗,产卵部位多在 2～3m 处;树干胸径 16cm 以上粗的树,产卵部位多在 5m 以上处。卵初产时为黄色,渐变为乳白色,日均温度 26℃ 时,卵历期 13～28d,自然孵化率为 81.3%。初孵幼虫在皮层和木质部间取食,约经 6 天即蛀入木质部。向上侵害 12cm 左右即向下蛀食,在沿树干纵向蛀食时,横向凿孔向外排粪和蛀屑。虫道平均长 190cm。翌年 8～9 月幼虫在纵虫道下端凿出最后一个排粪孔,便开始沿水平方向在边材部分环状取食,虫道排列成螺旋状,距地面高度为0.2～5.9m,其中以2.5m处为多。幼虫进行环状取食处树干直径多为6～8cm。11月下旬老熟幼虫在纵虫道内第二次越冬。来年3月中、下旬越冬幼虫开始活动,4月上旬做羽化道和蛹室,准备化蛹。老熟幼虫化蛹前先用白色分泌物和细木屑堵塞羽化道,下端筑起长椭圆形蛹室(长4.4～5.5cm,宽0.9～1.5cm)。4～5d后进入预蛹期,10～18d后化蛹。蛹期平均16天。该虫在栓皮栎纯林内比在松栎混交林内发生严重,对胸径8～10cm粗的栓皮栎为害较重,栓皮栎人工林随林龄增大而为害加重,栓皮栎林密度大的重于稀疏林。林缘、阳坡及山顶部的栓皮栎林重于林内、阴坡及山下部的栓皮栎林。栎旋木柄天牛的主要天敌有白僵菌、细菌、姬蜂和红蚂蚁。

防治方法 ①加强营林措施:适地适树,选择适宜当地气候、土壤等条件的树种进行造林,营造混交林,避免单纯树种形成大面积人工林。②保护、利用天敌,保护和招引啄木鸟,在天牛幼虫期可在林间释放姬蜂。③药剂防治:可用磷化铝、毒丸堵填排粪孔,用泥封口,也可用毒签插入排粪孔内。打孔注药,可用50%辛硫磷乳油,50%甲胺磷1∶4的比例在树干基部用打孔机打孔注药。成虫发生期用药剂喷涂树干,常用药剂有:在成虫羽化前向树干树枝喷施"绿色微雷"30%倍液,药效良好。

旋木柄天牛为害

旋木柄天牛蛀道

旋木柄天牛为害

旋木柄天牛

旋木柄天牛幼虫

23. 桑天牛 *Apriona germari*（Hope）

鞘翅目天牛科。成虫食害嫩枝皮和叶;幼虫于枝干的皮下和木质部内,向下蛀食,隧道内无粪屑,隔一定距离向外蛀1通气排粪屑孔,排出大量粪屑,削弱树势,重者枯死。杭州各地均有分布。

形态特征 成虫体黑褐色,密生暗黄色细绒毛;触角鞭状;第1、2节黑色,其余各节灰白色,端部黑色;鞘翅基部密生黑瘤突,肩角有黑刺一个。卵长椭圆形,稍弯曲,乳白或黄白色。幼虫老龄体长60mm,乳白色,头部黄褐色,前胸节特大,背板密生黄褐色短毛,和赤褐色刻点,隐约可见"小"字形凹纹。蛹体初为淡黄色,后变黄褐色。

发生规律 成虫反应迟钝,易扑捉。喜食构树、无花果、苹果等的嫩枝皮。白天取食,夜间产卵。每晚自8时半至次日凌晨4时半产卵,天亮前复飞回白天的栖息木继续取食。幼虫总排泄孔15～19个,蛀道全长91.5～248.8cm。在江苏调查,成虫主要在桑树和构树上补充营养;桑天牛卵巢发育与补充营养的关系,明确桑天牛成虫取食适合的补充营植物桑树后卵巢发育正常,否则影响其正常发育,不能形成卵。桑天牛喜以构树、桑树为补充营养的原因,通过对构树和I—69杨枝皮内化学物质的分析,可以明显看出构树中糖含量为I—69杨的2.3倍,构树中的酚酸含量为I—69杨的0.4倍。这可能是桑天牛选择构树为补充营养寄仁的原因。桑天牛雄虫比雌虫早羽化7～10d,羽化后的成虫白天聚集在桑树、构树上取食嫩枝皮层,3～5d交尾产卵。成虫取食桑、构树,幼虫为害杨树等,雌虫于每晚7时半以后飞往杨树上产卵。每1雌虫每晚产卵3～4粒,并于天亮前全部飞回桑、构丛中去,白天在桑、构枝上取食、交尾静伏。成虫有假死性,趋光性弱。成虫寿命因饲料不同差异很大,取食桑、构树的雌虫寿命42d,雄虫28d,一生产卵132粒。在自然条件下,成虫一般不取食杨树嫩皮,室内饲养只微量啃食,发育不完全,其寿命为4～5d,最长12d,不产卵即死亡。2a一代幼虫蛀道长1.73～3.81m,平均为2.77m,3a一代幼虫在枝条取食后,进入主干,甚至深入根部,蛀道平均长3.89m。幼虫共产生排粪孔13～15个。卵在7d内孵化,孵化率为73.3%,从产卵后至出现第一个排粪孔时间作为卵期计算,第17d为始孵期,第18d为始盛期,第20d为盛孵期,第23d为盛末期,初羽化成虫体内无卵,经一定时间后才怀卵,一般抱卵数下午比上午多,7月比8月多,

6月至9月较少。桑天牛一日中的产孵时间以夜间为上主,产卵盛期在7月至8月,卵分批形成,成熟一批,产出一批。

防治方法 ①保护啄木鸟,利用寄生蜂和白僵菌等。②结合修剪除掉虫枝,集中处理。③成虫发生期及时捕杀成虫,消灭在产卵之前。④成虫发生期结合防治其他害虫,喷洒触破式微胶囊水剂200～400倍液。⑤成虫产卵盛期后挖卵和初龄幼虫。⑥刺杀木质部内的幼虫,找到新鲜排粪孔用细铁丝插入,向下刺到隧道端,反复几次可刺死幼虫。

云斑白条天牛

桑天牛排泄孔

桑天牛

24. 云斑白条天牛 *Batocera lineolata* Chevrol

鞘翅目天牛科。主要为害杨、核桃、桑、柳、榆、白蜡、泡桐、女贞、悬铃木、苹果和梨等林木和果树。成虫啃食被害树新枝嫩皮,幼虫蛀食被害树韧皮部和木质部,轻则影响树木生长,重则使林木枯萎死亡。余杭、临安、淳安有分布。

形态特征 成虫体长 32 ~ 65mm,阔 9 ~ 20mm。是中国产天牛中较大的一种。体黑褐至黑色,密被灰白色至灰褐色绒毛。雄虫触角超过体长 1/3,雌虫者略长于体,每节下沿都有许多细齿,雄虫从第 3 节起,每节的内端角并不特别膨大或突出。前胸背板中央有一对肾形白色或浅黄色毛斑,小盾片被白毛。鞘翅上具不规则的白色或浅黄色绒毛组成的云片状斑纹,一般列成 2 ~ 3 纵行,以外面一行数量居多,并延至翅端部。鞘翅基部 1/4 处有大小不等的瘤状颗粒,肩刺大而尖端微指向后上方。翅端略向内斜切,内端角短刺状。身体两侧由复眼后方至腹部末节有一条由白色绒毛组成的纵带。卵长椭圆形,乳白色至黄白色,长 6 ~ 10mm。幼虫粗肥多皱,淡黄白色,体长 70 ~ 80mm,前胸硬皮板淡棕色,略呈方形,并有大小不一的褐色颗粒,前方近中线处有两个黄白色小点,小点上各有一根刚毛。蛹淡黄白色,头部和胸部背面有稀疏的棕色刚毛,腹末锥状,尖端斜向后上方。

发生规律 2 年发生 1 代,跨 3 年。以幼虫和成虫在树干内越冬,越冬成虫翌年 4 月中旬开始飞出,5 月成虫大量出现。雌虫喜在直径 10 ~ 20cm 的主干上产卵,刻槽圆形,大小如指头,中央有一小孔,每雌可产卵 40 粒左右,初孵幼虫蛀食韧皮部,受害处变黑胀裂,排出树液和虫粪,约 1 个月左右蛀入木质部为害,虫道长 250mm 左右。第 1 年以幼虫越冬,次年继续为害。至 8 月中旬化蛹,9 月中、下旬羽化为成虫,即在蛹室内越冬。

防治方法 参照星天牛。

云斑白条天牛产卵痕

25. 橙斑白条天牛 Batocera davidis

鞘翅目天牛科。为害油桐、栎等树木。杭州湾沿岸苗木场有分布。

形态特征　成虫体长 51～70mm，黑褐至黑色，被灰色绒毛。触角第 3 节及其以后各节为棕红色。前胸背板中央有一对橙红色的肾形斑。鞘翅上有 7～11 个橙色斑，其中第 4 斑最近中缝。卵肾形，长约 6.8mm，幼虫体长 70～110mm，乳白色。蛹白色渐变为灰黑色，体长 60～70mm。触角自第 3 节起的各节为棕红色，基部 4 节光滑，其余节被灰色毛。前胸背板中央有 13 寸（1 寸 ≈ 0.033m）橙黄色肾形斑；小盾片密生白毛。每鞘翅有几个大小不等的近圆形橙黄斑，也可能由于标本陈旧，斑纹色泽变为白色；每翅有 5 或 6 个主要斑纹，第 1 斑位于基部 1/5 的中央；第 2 斑位于第 1 斑之后近中缝处；第 3 斑紧靠第 2 斑位于同 1 纵行上，有时第 3 斑消失；第 4 斑位于中部；第 5 斑位于翅端 1/3 处；第 6 斑位于第 5 斑至端末的 1/2 处；后面 3 个斑大致排成 1 纵行，另外尚有几个不规则小斑点。头具细密刻点，额区有粗刻点；雄虫触角超出体长 1/3，下面有许多粗糙棘突，自第 3 节起各节端部略膨大，内侧突出，以第 9 节突出最长，呈刺状；雌虫触角较体略长，有较稀疏的小棘突。前胸背板侧刺突细长，尖端向后弯；背面两侧稍有皱纹。鞘翅肩具短刺，外缘角钝圆，缝角呈短刺；基部具光滑颗粒，翅面具细刻点。

发生规律　3 年 1 代，以幼虫和成虫越冬。成虫于 5～6 月飞出，经补充营养后在树干根颈部咬一扁圆形刻槽，产卵其中。幼虫在韧皮部蛀食，虫道不规则，并逐渐深入木质部为害。致树木生长衰弱，甚至枯死。

防治方法　参照星天牛。

橙斑白条天牛

橙斑白条天牛产卵痕

26. 油茶象

Curculio chinensis Cheveolat

油茶象成虫

鞘翅目象虫科。寄主于油茶、茶树和山茶属多种植物的果实。幼虫在茶果内蛀食种仁,引起果实中空,幼果脱落,成虫亦以象鼻状咀嚼式口器啄食茶果,影响茶果产量和质量。成虫还能取食嫩梢表皮,使嫩梢枯死。建德油茶产区有分布。

形态特征 成虫体长 6～11mm,黑色或黑褐色,具金属光泽,全身疏生白色鳞片。喙细长,略向内弯曲。雌虫喙长 9～11mm,雄虫喙长 6～8mm。雌虫触角着生于喙端部的 1/3 处,雄虫触角则在喙的 1/2 处。鞘翅具纵刻点沟和由白色鳞片排成的白斑或横带;中胸两侧的白斑较明显;小盾片上有圆点状的白色绒毛丛;各腿节末端有一短刺。卵长椭圆形,一头稍尖。长约 1mm,宽约 0.5mm,白色,光滑透明。幼虫体长 10～20mm。初孵化幼虫乳白色,老熟幼虫淡黄色,头赤褐色,背部及两侧疏生黑色短刚毛。蛹体长 9～12mm,乳白色,后期变为赤褐色。复眼黑色;顶蛹喙及足半透明,以后变为红褐色。

发生规律 二年发生 1 代,以当年幼虫和去年新羽化的成虫在土内越冬。越冬成虫于翌年 4 月下旬陆续出土,5 月中旬至 6 月中旬成虫盛发并产卵果内。幼虫在果内孵化即取食果仁,9～10 月陆续出果入土越冬。越冬幼虫在土中直至第二年 10 月化蛹,蛹经 30d 左右羽化为成虫留在土内越冬。

防治方法 ①选择抗虫较强的早熟品种和迟熟类型的紫红球、紫红桃等为籽种,并培育新的抗虫品种。②冬挖夏铲,林粮间作,修枝抚育,以降低虫口密度,减轻为害;定期收集落果,以消灭 大量幼虫;在成虫发生盛期,用盆或瓶盛置糖醋液,诱杀成虫;摘收的茶果堆放在水泥晒场上,幼虫出果后因不能入土而自然死亡。也可堆放在收割后的稻田里,幼虫出果入土,第二年放水灌田,可以淹死幼虫。③在高温高湿的 6 月用白僵菌防治成虫。④在 4～7 月成虫盛发期,用绿色威雷 200～300 倍液于成虫羽化前喷 1 次。

27. 萧氏松茎象 *Hylobitelus xiaoi* Zhang

属鞘翅目象虫科。是为害湿地松、火炬松、华山松、马尾松等松科植物的重大钻蛀性森林害虫。以幼虫侵入树干基部或根颈部蛀害韧皮组织为害,严重的切断有机养分输送,导致树木死亡,且造成湿地松大量流脂,进而降低松脂产量。

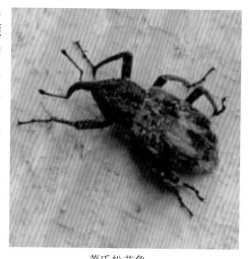

萧氏松茎象

形态特征 成虫体壁暗黑色,胫节端部、跗节和触角暗褐色。前胸背板被覆赭色毛状鳞片,这些鳞片在前胸背板的前缘和小盾片上部较密。鞘翅上的毛状鳞片形成两行斑点。鞘翅的其他部分被覆同样的鳞片。足和身体腹面被覆黄白色毛状鳞片。卵椭圆形,长 2.9±0.2 mm,宽(1.8±0.1)mm。初产时为乳白色,近孵化时为深黄色。幼虫体白色略黄,头黄棕色,口器黑色,前胸背板具浅黄色斑纹,体柔软弯曲呈"C"形,节间多皱褶。蛹乳白色,长 15.5～18.4 mm,头顶和腹部各节有稀疏的黄褐色茸毛,腹末两侧有一对刺突。

发生规律 萧氏松茎象两年发生一代,以大龄幼虫(5～6 龄为主)在蛀道、成虫在蛹室或土中越冬。2 月下旬越冬成虫出孔或出土活动,5 月上旬开始产卵。卵期 12～15d。5 月中旬幼虫开始孵化,11 月下旬停止取食进入越冬,翌年 3 月重新取食,8 月中旬幼虫陆续化蛹。9 月上旬成虫开始羽化。11 月部分成虫出孔活动,然后在土中越冬,其余成虫在蛹室中越冬。对马尾松幼树和华山松,幼虫主要在土中为害根颈部韧皮组织。

防治方法 ①人工捕捉幼虫。②人工抚育措施如清除杂草、杂灌木效果显著。③用 50% 杀螟松乳油 1 000 倍液防治 3 龄前幼虫。用磷化铝熏蒸防治率达 95% 以上。涂杆可减少 30% 萧氏松茎象入侵,药物注射可达 95% 的防治效果。

28. 一字竹象 *Otidognathus davidis* Fairmaire

鞘翅目象虫科。为害毛竹、桂竹、淡竹、刚竹、红壳竹、篌竹和毛金竹。成虫取食笋肉,幼虫为害竹笋,使笋成竹后,虫孔累累,竹节节间缩短,竹材僵硬,断头折梢,严重者竹材损失率在50%以上。余杭、临安有分布。另有一种三星象,余杭有分布。

形态特征 成虫体棱形,雌虫体长17mm,乳白至淡黄色。头管长6.5mm,黑色、细长,表面光滑。雄虫体长15mm,赤褐色。头管长5mm,粗短,有刺状突起。头部黑色;触角置于头管基部的触角沟内,前胸背板后缘弯曲呈"弓"形,中间有一棱形黑色长斑;胸部腹面黑色。鞘翅上各具有刻点组成的纵沟9条,翅中各有黑斑两个,肩角及外缘内角黑色。腹部末节露于鞘翅外,腹面可见5节,黑色,第1节及末节两侧有赤褐色三角形斑。卵长椭圆形,长径3.1mm,初产为玉白色,不透明。后渐成乳白色,孵化前卵的一半半透明。幼虫初孵幼虫体长3mm,体柔软透明,乳白色,背线白色。老熟幼虫体长20mm,米黄色。头赤褐色,口器黑色,体有皱褶,气门不明显,背线浅黄色,尾部有深黄色突起。蛹体长15mm,深黄色,足、翅末端黑色,臀棘硬而突出。

发生规律 在江苏、浙江的小竹中多为一年1代,在毛竹中多为二年1代,以成虫于土下一米深的土茧中越冬。浙江4月底5月初成虫出土,5月上、中旬交尾产卵,卵3~5d孵化。5月下旬起老熟幼虫陆续坠地入土,筑土室化蛹。羽化出土的成虫子日出露干后,即可活动,晴天以上午8~11时半、下午2时至5时半活动最甚,通常以雄虫飞行为多。雌虫产卵时先停息笋上,卵产于笋的最下一盘枝节到笋梢之间,以中部为多,一笋节可产卵3~5粒,一株笋最多可产卵80粒。初孵幼虫在产卵孔中取食,被害部位停止生长。3龄幼虫食量渐增。幼虫多咬食笋节处的笋肉或小枝,一般不转移。幼虫老熟后,向笋外蛀食,将笋咬一直径7~9mm的圆孔,5月下旬至6月上旬幼虫滑落入土,在8~15cm深处,筑长20~25mm椭圆形的土室。幼虫在土室中10~15d即化为蛹。

防治方法 ①挖山松土:一字竹象甲出土为害时间一般在4月,即竹笋出土至竹笋落箨展枝为止,其他大部分时间均在地下8~15cm。因此,在秋冬两季结合挖冬笋和施冬肥对竹林进行全面的挖山松土,改变越冬环境,使越冬成虫大量死亡;同时,促进竹林多行鞭孕笋,增强抗虫性。②人工捕捉:一字竹象甲害虫有假死性及行动迟缓特点。在4月上中旬,对小面积发生的竹林,竹笋高2m内,采取人工捕捉成虫或幼虫的方法降低虫口。③套袋护笋:使用作袋料香菇的塑料薄膜袋,竹笋长到1m高度时,将塑料薄膜袋套在笋梢部位,可防止一字竹象甲成虫的为害。④竹腔注药在竹笋长高1.5m左右,先用鞋锥或10cm铁钉在竹笋基部钻一孔,用计筒抽取40%乙酰甲胺磷乳油注入竹腔,每株竹笋注入原液1ml,该方法可使补充营养的成虫及取食竹笋的幼虫致死。防治效果好。但是该农药是缓效型杀虫剂,2~3d后药效才能显著发挥作用。因此,要注意防治时间,宜早不宜迟。⑤笋体喷药:在成虫为害的4月,当竹笋长到1~2m时,可选50%杀螟松乳油、50%马拉硫磷、80%敌敌畏乳油或20%氰戊菊脂1 000~2 000倍液喷洒竹笋,视虫情防治1~3次。⑥土壤消毒:在3月底4月初,成虫出土前,可在竹林地面撒施5%辛硫磷粉粒剂150kg/hm²,施药后及时浅锄,将药混入土中,毒杀出土成虫。

三星象

一字竹象幼虫

一字竹象交尾状

29. 杉肤小蠹 *Phloeosinus sinensis* Schedle

鞘翅目小蠹科。钻蛀林中杉株或伐倒木干部,在皮层形成纵横坑道网,阻滞营养物质和水分的输送,常使杉树分泌白色胶状汁液,严重为害时树皮表面密布白色滴状凝脂。影响杉树侧枝新梢生长。余杭有分布。

形态特征 成虫:体长 3.0~3.8mm,椭圆形,深褐色或深棕褐色,触角红棕色,似膝状,前胸背板密布刻点和细鳞片;鞘翅基缘隆起,表面粗糙,上密布刚毛鳞片。卵:椭圆形,表面光滑,乳白色,长径 0.8mm,短径 0.5mm。幼虫:似象虫,略带紫红色,老龄幼虫乳白色,口器深棕色,体长 3.4~4.0mm。蛹:裸蛹,乳白色,长约 3.5mm,腹末有一对大而尖的刺突,刺突尖端为红棕色。

发生规律 1 年发生 1 代,以成虫在树干下部韧皮部的越冬坑道内越冬,越冬坑道粗面短并多呈"工"字形,洞口常有棕色细木屑堆积。翌年 3 月下旬,当林内平均温度达到 10℃左右时,越冬成虫开始活动并开始补充营养。4 月中旬,当林内平均气温为 20℃左右时,可发现杉肤小蠹的卵,卵期为 12~18d。5 月上旬出现幼虫,幼虫期为 23~25d。6 月上旬,出现蛹,蛹期为 8~16d。7 月上旬成虫陆续咬孔而出,飞离被害木,分散越冬,往往在同一时期可见到不同的虫态同时存在。越冬成虫一开始活动,就钻蛀树干为害,在钻蛀孔外,常堆积着木屑,越冬后的成虫多在树干下部为害,而当年新羽化出的成虫多在树干上部为害,从而形成了季节不同,在树干上的垂直分布也有不同。4 月中旬交配,且在每天下午进行,林中可见到成虫在树干上求偶,相互追逐的现象。交尾前,一般是雌虫沿树裂缝处向里凿一侵入孔至韧皮部或边材部,再咬筑一交配室,随后雄虫进入交配室交配,个别也有在树皮缝隙或在侵入口进行交配,交配姿势为背负式,交配时间 1~3min。管理粗放,树势衰弱林内卫生条件差的林分或林分边缘的地方,该虫发生较重。伐倒木宜引起该虫侵害。

防治方法 ①加强杉木林的后期管理,改善林内卫生状况,提高杉木的抗虫能力,对已成熟的杉木林,适时进行合理间伐,增强树势。②禁止在杉木林内及其附近长期堆放伐倒木,并注意及时清除林内采伐残余物。在杉木林内发现受害的零散枯株,及时间伐并运出林区进行处理,防止扩散蔓延。③每年 4 月至 6 月上旬,在林间适当放置若干伐倒木作诱饵,诱集成虫产卵,然后分别于5月中旬和7月下旬收回饵木运出林区处理。④注意保护利用天敌,还可施用白僵菌等生物药剂。⑤4月中旬卵期,杉树干部喷25%蛾蚜灵可湿性粉剂1 500~2 000倍液。也可取得较好防治效果。

杉肤小蠹羽化孔

30. 横坑切梢小蠹 *Tomicus minor* Hartig

鞘翅目小蠹科。主要为害油松、华山松、马尾松、云南松、黑松、唐松、红松。成幼虫在皮下钻蛀,形成横沟坑道,造成寄主枯死。杭州城区有分布。

形态特征 成虫体长4~5mm,黑褐色。鞘翅基缘升起且有缺刻,近小盾片处缺刻中断,与纵坑切梢小蠹极其相似,主要区别是横坑切梢小蠹的鞘翅斜面第2列间部与其他列间部一样不凹陷,上面的颗瘤和竖毛与其他沟间部相同。母坑道为复横坑,由交配室分出左右两条横坑,稍呈弧形。子坑道短而稀,长2~3cm,自母坑道上下方分出,蛹室在边材上或树皮内。

发生规律 1年发生1代,以成虫在嫩枝或土中越冬,常与纵坑切梢小蠹相伴发生,主要为害衰弱木和濒死木,亦可侵害健康树。多在树干中部的树皮内蛀筑虫道,使树木迅速枯死。夏季,刚羽化成虫蛀入健康木或当年生枝梢,补充营养,被害枝梢易被风吹折断。越冬成虫在恢复营养期内也为害嫩梢,严重时被为害的枝梢竟达树冠枝梢的70%以上。母坑道为复横坑,由交配室分出左右两条横坑,稍呈弧形;在立木上弧形的两端皆朝向下方,在倒伏木上,方向不一。子坑道短而稀,一般长2～3cm,自母坑道上、下方分出。蛹室在边材上或皮内,在边材上的坑道痕迹清晰。

防治方法 ①营造针阔叶混交林,加强抚育管理,防止火灾或其他病虫害的大发生,清除虫害木和被压木;可采用设置饵木诱杀,设置时间必须在越冬虫出土前完成,饵木集中处理。②保护步行虫、寄生蜂、啄木鸟等天敌。③3月下旬,用敌百虫粉剂及黏虫胶,环根部撒药。施药前将树干基部土壤扒开,露出根皮,将药撒在根皮上,再培土,要比原高度高出4～5cm土堆。杀虫率在90%以上。

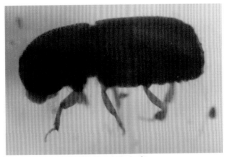

横坑切梢小蠹

横坑切梢小蠹为害

横坑切梢小蠹为害的蛀道

31. 纵坑切梢小蠹 Tomicus piniperda

鞘翅目小蠹科。为害华山松、高山松、油松、云南松及其他松属树种。杭州城区、淳安有分布。

形态特征 体长3.4～5.0mm。头部、前胸背板黑色,鞘翅黑褐色有强光泽。眼长椭圆形。触角锤状部3节,椭圆形。额部略隆起,有中隆线,起自口上片止于额心。前胸背板长度与背板基部宽度之比为0.8。鞘翅长度为前胸背板长度的2.6倍,为两翅合宽的1.8倍。刻点沟凹陷,沟内刻点圆大,点心无毛;沟间部宽阔,翅基部沟间部生有横向瘤堤,以后渐平,沟间部的刻点甚小,有如针尖锥刺的痕迹,各沟间部横排1～2枚,翅中部以后沟间部出现小颗瘤,排成一纵列;沟间部的刻点中心生短毛,微小清晰,贴伏于翅面上;沟间部的小颗瘤后面各伴生一刚毛,挺直竖立,持续地排至翅端。斜面第2沟间部凹陷,其表面平坦,没有颗瘤和竖毛。

发生规律 该虫一般1年发生1代,亦可产生姐妹代。以幼虫、成虫在树皮下越冬。该虫一般3月下旬成虫开始飞出,取食马尾松梢头,这是越冬后的补充营养(复壮营养)时期,然后成虫在衰弱立木或采伐后的干枝内筑繁殖坑道,交尾产卵。4月中旬幼虫孵化,幼虫期约1个月,5月中旬开始化蛹。5月下旬至6月上旬新成虫出现,开始蛀食新枝梢头,这是越冬前的补充营养(成熟营养)时期,8月底至9月初成虫越冬。繁殖坑道筑于树皮与边材之间,母坑道单纵坑,长5～6cm,最长可达15cm以上;子坑道10～15条。该虫卵、幼虫、蛹均在坑道内度过,新成虫羽化后蛀入树梢,蛀食松枝,蛀孔直径约3mm,自下向上逐渐深入髓部,蛀食一定距离后退出旧孔,另蛀新孔。该虫的整个生活史的绝大部分时间在枝干内部,隐蔽性极强,在云南,年均温度14～20℃,月均温度8～23℃的范围内均适合纵坑切梢小蠹的生长发育。该虫有效侵入孔数量与大气平均相对湿度呈负相关,与月平均气温呈正相关,在气候干旱的情况下,月平均气温高,该虫有效侵入孔增加,虫口数量大,为害严重。

防治方法 ①及时清理蠹害木并及时进行更新造林或补植补造,努力营造多树种针阔混交林,增加林分的生物多样性和对病虫害的自控能力。②在郁闭度0.6以上的林分中应用粉拟青霉菌 Paecilomyces farinosus 粉剂或莱氏野村菌 Nomuraea rileyi 粉剂防治,每年1～2次,每次药量

15kg／hm²,有较长的持效期,有利于保护天敌和环境,实现可持续控灾。
③对风景林、行道树、水源林等一些高价值林分中的受害木,有保护价值的稀疏林地中的受害木或林区中呈单株及零星分布枝梢受害木,每年可在小蠹虫梢转梢期间使用孔机注射树虫净防治;对发生的中幼林使用川宝一号粉剂防治,用药量 15kg／hm²,也可用吡虫啉粉剂防治,用药量15kg／hm²。

纵坑切梢小蠹为害的蛀道

纵坑切梢小蠹成虫和蛹

32. 芳香木蠹蛾 *Cossus cossus* Linnaeus

鳞翅目木蠹蛾科。寄主于杨、柳、榆、槐树、白蜡、栎、核桃、苹果、香椿、梨等。幼虫孵化后，蛀入皮下取食韧皮部和形成层，以后蛀入木质部，向上向下穿凿不规则坑道。被害处可有十几条幼虫，蛀孔堆有虫粪，幼虫受惊后能分泌一种特异香味。临安有分布。

形态特征 成虫体长 24~40 mm，翅展 80 mm，体灰乌色，触角扁线状，头、前胸淡黄色，中后胸、翅、腹部灰乌色，前翅翅面布满呈龟裂状黑色横纹。卵近圆形，初产时白色，孵化前暗褐色。老龄幼虫体长 80~100 mm，初孵幼虫粉红色，大龄幼虫体背紫红色，侧面黄红色，头部黑色，有光泽，前胸背板淡黄色，有两块黑斑，体粗壮，有胸足和腹足，腹足有趾钩，体表刚毛稀而粗短。蛹长约 50 mm，赤褐色。茧长圆筒形，略弯曲。长 50~70mm，宽 17~20mm，由入土老熟幼虫化蛹前吐丝结缀土粒构成，极致密。伪茧扁圆形，长约 40mm，宽约 30mm，厚 15mm，由末龄幼虫脱孔入土后至结缀蛹茧前吐丝构成，质地薄。

发生规律 2~3 年 1 代，以幼龄幼虫在树干内及末龄幼虫在附近土壤内结茧越冬。5~7 月发生，产卵于树皮缝或伤口内，每处产卵十几粒。幼虫孵化后，蛀入皮下取食韧皮部和形成层，以后蛀入木质部，向上向下穿凿不规则虫道，被害处可有十几条幼虫，蛀孔堆有虫粪，幼虫受惊后能分泌一种特异香味。

防治方法 ①及时发现和清理被害枝干，消灭虫源。②用 50% 的敌敌畏乳油 100 倍液刷涂虫疤，杀死内部幼虫。③树干涂白防止成虫在树干上产卵。④成虫发生期结合其他害虫的防治，喷 50% 的辛硫磷乳油 1 500 倍液，消灭成虫。⑤对木蠹蛾幼虫为害的新梢要及时剪除，消灭幼虫，防止扩大为害。⑥保护益鸟如啄木鸟等。

芳香木蠹蛾幼虫

芳香木蠹蛾危害山茱萸

33. 咖啡木蠹蛾 *Zeuzera coffeae* Niether

鳞翅目木蠹蛾科。寄主于咖啡、可可、茶树、油梨、金鸡纳、番石榴、石榴、梨、苹果、桃、枣、荔枝、龙眼、柑橘、棉、杨、木槿、大红花和台湾相思。幼虫为害树干和枝条，致被害处以上部位黄化枯死，或易受大风折断。严重影响植株生长和产量。临安、建德、桐庐有分布。

形态特征　成虫体灰白色，长 15～18mm，翅展 25～55mm。雄蛾端部线形。胸背面有 3 对青蓝色斑。腹部白色，有黑色横纹。前翅白色，半透明，布满大小不等的青蓝色斑点；后翅外缘有青蓝色斑点；后翅外缘有青蓝色斑 8 个。雌蛾一般大于雄蛾，触角丝状。卵为圆形，淡黄色。老龄幼虫体长 30mm，头部黑褐色，体紫红色或深红色，尾部淡黄色。各节有很多粒状小突起，上有白毛 1 根。蛹长椭圆形，红褐色，长 14～27mm，背面有锯齿状横带。尾端具短刺 12 根。

发生规律　该蛾年发生 1～2 代。以幼虫在被害部越冬。翌年春季转蛀新茎。5 月上旬开始化蛹，蛹期 16～30d，5 月下旬羽化，成虫寿命 3～6d。羽化后 1～2d 交尾产卵。一般将卵产于孔口，数粒成块。卵期 10～11d。5 月下旬孵化，孵化后吐丝下垂，随风扩散，7 月上旬至 8 月上旬是幼虫为害期。10 月上旬幼虫化蛹越冬。

防治方法　①剪除虫枝，菊花凋谢后，将植株上部剪下烧毁。春末下初幼虫为害时，剪下受害枝条烧毁。②保护和利用天敌。③化学防治 6 月上、中旬幼虫孵化期，喷 50% 杀螟松 1 000 倍液，或喷 25% 园科 3 号 300～400 倍液，隔 7 天喷 1 次。连喷 2～3 次即可。

木蠹蛾为害

咖啡木蠹蛾

咖啡木蠹蛾幼虫

34. 银杏超小卷蛾 *Pommene ginkgoicola* Liu

鳞翅目卷蛾科。为害银杏。由幼虫潜食短枝端部或当年生长枝,致使枝条枯死、降低产量。据调查,江苏省吴县,银杏超小卷叶蛾的株为害率高达 100%;浙江省大部分银杏产区的株为害率也高达 80% ~ 90%。虫害严重时,会引起严重落果,被害枝次年不再萌发,以至影响到银杏多年的产量。临安有分布。

形态特征 成虫翅展约 12mm,体黑色,头部淡灰褐色,腹部黄褐色。下唇须向上伸展,灰褐色,第三节很短。前翅黑褐色,中部有深色印影纹;前缘自中部至顶角有 7 组较明显的白色沟状纹,后缘中部有一白色指状纹;翅基部有稍模糊的 4 组白色沟状纹。肛纹明显,黑色 4 条,缘毛暗黑色。后翅前缘色浅,外围褐色。雌性外生殖器的产卵瓣略成棱形,两端较窄;囊突二枚,呈粗齿状。雄性外生殖器的抱器长形,中间具颈部。卵扁平,椭圆形,表面光滑。初产卵枯黄色,两天后,中间出现红色不规则的环状纹,少数一端断缺或两端断缺而成两条红色条斑纹,纹缘不整齐,其他部分乳白色,4 天后,除红色环纹外,全卵呈淡绿色。老熟幼虫体长 11 ~ 12mm,灰白或淡灰色;头部前胸背板及臀板均为黑褐色,有时色泽较浅呈黄褐色。各节背板有黑色毛斑 2 对,各节气门上线和下线具黑色毛斑 1 个臀节有刺 5 ~ 7 根。蛹长 5 ~ 7mm,黄色,羽化前呈黑褐色,复眼黑色。腹节第一节光滑,第二节后缘有一列细刺,第三与第六节除后缘有一列细刺外,前缘还有一列较粗的刺,第十节仅于后缘有一列特别粗大的刺。腹部末端有 8 根细弱的臀棘,成半环状排列于肛周。

发生规律 一年一代,以蛹越冬。一般 3 月下旬至 4 月中旬为成虫羽化期,4 月中旬至 5 月上旬为卵期,4 月下旬至 6 月下旬为幼虫为害期,7 月后幼虫呈滞育状态,11 月中旬化蛹。幼虫一般于树干中、下部树皮中作蛹室结薄茧化蛹。蛹室长 9 ~ 12mm,宽约 2mm。一般位于树表皮下 2 ~ 3mm 深处。羽化时,蛹蠕动钻向孔口,半露于孔外,很容易辨认。成虫白天活动,以 9 ~ 15 时最为活跃,常作短距离飞行善爬行。交尾时间为中午至傍晚,以中午为主。交尾持续时间约 10h。交尾后栖伏于树干上、下部粗皮凹陷处,易捕捉。成虫需吸食糖液、花蜜等作补充营养。一般交尾两天后产卵,3 ~ 4d 可产卵 95 粒左右。成虫寿命约 13d,最长 23d。性比平衡,趋光性弱。晚间静伏于树干。卵单粒散生,一根 1 ~ 2 年生的小枝上可产卵2~4粒。孵化前10小时,卵中间的红色斑纹开始扩散,最后消失,全卵成暗黄色,并出现黑色头壳。卵期约8天,孵化率平均为80%。初孵幼虫体长1.3mm,行动活泼,爬行迅速,能吐丝织薄网,多潜伏于短枝凹处取食。1~2d后,即蛀孔钻入枝内。一般自叶柄基部或叶柄与短枝间蛀孔钻入。也有的从长枝的基部或基部到中部之间的部位蛀入。虫道长达20~50mm。能转主为害。

防治方法 ①清除受害枝 每年4月底至6月上旬,见到明显枯萎的枝条时,应当及时剪除,并集中烧毁,以杀灭幼虫并减少超小卷叶蛾的转主为害。清除被害后落地的银杏叶,可将叶柄内的幼虫消灭。②树干涂白 树干涂白,具有杀灭树皮内的滞育幼虫和即将羽化的蛹的作用。3月,用加有敌敌畏乳剂的涂白液刷树干,防止越冬蛹的羽化的效果可达100%;7月用同样的涂白液刷树干,则可以有效地杀灭滞育幼虫。树干涂白液的具体配方是:生石灰5kg,敌敌畏乳剂100g,食盐1kg加清水19kg。将上述材料混合后,经过充分搅拌,即可用于涂白。③药剂防治 4月喷施加水800倍的敌敌畏液,可以杀灭初孵幼虫。可以利用银杏树皮易于渗透油剂的特点,于6月底当大部分幼虫已经蛀入树皮时,喷施油雾剂,也可以杀灭其幼虫。

银杏超小卷蛾为害

银杏超小卷蛾为害

银杏超小卷蛾虫道　　　　　　　　银杏超小卷蛾为害

银杏超小卷蛾

银杏超小卷蛾为害

35. 蔗扁蛾 *Opogona sacchari*（Bojer）

鳞翅目辉蛾科。寄主植物多达 25 科 62 种。主要以幼虫蛀食寄主植物的皮层、茎秆,咬食新根,使植物逐渐衰弱、枯萎,乃至死亡。富阳有分布。

形态特征 成虫体黄褐色,体长 8 ~ 10mm,翅展 22 ~ 26mm。前翅深棕色,中室端部和后缘各有一黑色斑点。前翅后缘有毛束,停息时毛束翘起如鸡尾状。雌虫前翅基部有一黑色细线,可达翅中部。后翅黄褐色,后缘有长毛。后足胫节狭长,超出翅端部,上有 2 对距,中距长而端距稍短,中距的内距极长,约为胫节长的 2/3。腹部腹面有 2 排灰色点列。停息时,触角前伸,爬行时,速度快,形似蜚蠊,并可做短距离跳跃。其成虫口器具上颚、后下唇。卵淡黄色,卵圆形,长 0.5 ~ 0.7mm,宽 0.3 ~ 0.4mm,横断面圆的短卵形。卵多产在未展开的叶与茎上。单粒散产,或成堆成片,数十粒甚至百粒以上。幼虫乳白色,透明。老龄幼虫体长 20mm 左右,充分伸长可达 30mm,粗约 3mm。头红褐色,前胸盾和气门片暗红褐色,周缘色淡,气门与 3 根侧毛(L)在同一毛片上。中和后胸背面的毛片几合成一大块褐斑,侧毛(L2)单独在一毛片上,与 L1 和 L3 分开。3 对胸足均发达,附爪延长且落部具双叶突。胸部和腹部各节背面均有 4 个毛片,矩形,前 2 后 2 排成两排,各节侧面分别有 4 个小毛片。腹足 5 对,第 3 ~ 6 节的腹足趾钩呈二横带,趾钩单序密集约 40 余根,周围另有许多小刺环绕。第 10 节的一对臀足则趾钩呈单横带排列。仅 20 来根且小刺仅限于前缘处。茧长 14 ~ 20mm,宽约 4mm,由白色丝织成,外表粘以木丝碎片和粪粒等杂物。蛹长约 10mm,宽约 4mm,亮褐色,背面暗红褐色而腹面淡褐色,首尾两端多呈黑色。头顶具三角形粗壮而坚硬的"钻头",蛹尾端一对向上钩弯的粗大臀棘是固定在茧上以便转动腹部而钻孔用的。

发生规律 蔗扁蛾完成一个世代需要 60 ~ 120d,1 年发生 3 ~ 4 代,在温度较高的条件下,可达 8 代之多。幼虫蜕皮 6 次,7 龄,历期长达 37 ~ 75d,是该虫的为害虫期。蛹期以 13 ~ 17d 为主,成虫羽化前,蛹的头胸部露出蛹壳,约 1 天后成虫羽化。在野外受害的巴西铁和发财树等植物上,常可见成群露出虫洞外的蛹壳,这是成虫羽化后留下的。羽化后的成虫喜暗,常隐藏于树皮裂缝或叶片背面。成虫的交配多在凌晨

2~3点,也有在上午 8~9 点进行的,成虫在羽化后 4~7d 后产卵,少数在羽化后 1~2d 就产卵。卵散产成堆,每雌虫产卵 50~200 粒。蔗扁蛾从已老化的茎皮部入侵,可见直径 1.5~2mm 的蛀孔,随后继续向内或韧皮部蛀食。排出的虫粪及蛀屑堆积于茎皮内,幼虫蛀食肉质的皮层,形成不规则隧道或连成一片,剥离树皮后可见棕色或深棕色颗粒状虫粪及蛀屑的混合物。幼虫先不蛀食带状叶丛生部位及周围处。当茎的输导组织被渐渐蛀食破坏而失水失养分死亡,幼虫则继续蛀食周围,最终导致植株带状叶萎蔫,褪绿,停止生长,失去观赏价值,直至整株死亡。幼虫也蛀食根部。

防治方法 ①加强对内、对外植物检疫,严禁带虫巴西木继续从国外流入中国,同时严禁带虫巴西木在国内蔓延。②幼虫越冬入土期,是防治此虫的有利时机。可用菊杀乳油等速杀性的药剂灌浇茎的受害处,并用敌百虫制成毒土,撒在花盆表土内。③大规模生产温室内,可挂敌敌畏布条熏蒸。或用菊酯类化学药剂喷雾防治。当巴西木茎局部受害时,可用斯氏线虫局部注射进行生物防治。④除害处理方法:44℃下处理 30~60 min。种植前,喷洒 80% 敌敌畏 500 倍液并用塑料盖上密封熏蒸 5h ,可杀死潜伏在表皮的幼虫或蛹。已上盆种植的用 40% 乐果乳油 1 000 倍液混合 90% 敌百虫 800 倍液喷施。

蔗扁蛾幼虫

蔗扁蛾成虫

蔗扁蛾

36. 栗瘿蜂 *Dryocosmus kuriphilus* Yasumatsu

以幼虫为害芽和叶片,形成各种各样的虫瘿。以幼虫为害芽和叶片,形成各种各样的虫瘿。被害芽不能长出枝条,直接膨大形成的虫瘿称为枝瘿。虫瘿呈球形或不规则形,在虫瘿上有时长出畸形小叶。在叶片主脉上形成的虫瘿称为叶瘿,瘿形较扁平。虫瘿呈绿色或紫红色,到秋季变成枯黄色,每个虫瘿上留下一个或数个圆形出蜂孔。自然干枯的虫瘿在一两年内不脱落。栗树受害严重时,虫瘿比比皆是,很少长出新梢,不能结实,树势衰弱,枝条枯死。各板栗产区几乎都有分布。发生严重的年份,栗树受害株率可达100%,是影响板栗生产的主要害虫之一。

形态特征 成虫体长2~3mm,翅展4.5~5.0mm,黑褐色,有金属光泽。头短而宽。触角丝状,基部两节黄褐色,其余为褐色。胸部膨大,背面光滑,前胸背板有4条纵线。两对翅白色透明,翅面有细毛。前翅翅脉褐色,无翅痣。足黄褐色,有腿节距,跗节端部黑色。产卵管褐色。仅有雌虫,无雄虫。卵椭圆形,乳白色,长0.1~0.2mm。一端有细长柄,呈丝状,长约0.6mm。幼虫体长2.5~3.0mm,乳白色,老熟幼虫黄白色。体肥胖,略弯曲。头部稍尖,口器淡褐色。末端较圆钝。胴部可见12节,无足。蛹离蛹,体长2~3mm,初期为乳白色,渐变为黄褐色。复眼红色,羽化前变为黑色。

发生规律 栗瘿蜂1年1代,以初孵幼虫在被害芽内越冬。翌年栗芽萌动时开始取食为害,被害芽不能长出枝条而逐渐膨大形成坚硬的木质化虫瘿。幼虫在虫瘿内做虫室,继续取食为害,老熟后即在虫室内化蛹。每个虫瘿内有1~5个虫室。在长城沿线板栗产区,越冬幼虫从4月中旬开始活动,并迅速生长,5月初形成虫瘿,5月下旬至6月上旬为蛹期。化蛹前有一个预蛹期,为2~7d,然后化蛹。蛹期15~21d。6月上旬至7月中旬为成虫羽化期。成虫羽化后在虫瘿内停留10d左右,在此期间完成卵巢发育,然后咬一个圆孔从虫瘿中钻出,成虫出瘿期在6月中旬至7月底。在长江流域板栗产区,上述各时期提前约10d。在云南昆明地区,越冬幼虫于1月下旬开始活动,3月底开始化蛹,5月上旬为化蛹盛期和成虫羽化始期,6月上旬为成虫羽化盛期。成虫白天活动,飞行力弱,晴朗无风天气可在树冠内飞行。成虫出瘿后即可产卵,营孤雌生殖。

防治方法 ①剪除虫枝。剪除虫瘿周围的无效枝,尤其是树冠中部的无效枝,能消灭其中的幼虫。②剪除虫瘿。在新虫瘿形成期,及时剪除虫瘿,消灭其中的幼虫。剪虫瘿的时间越早越好。③保护和利用寄生蜂是防治栗瘿蜂的最好办法。保护的方法是在寄生蜂成虫发生期不喷任何化学农药。④在栗瘿蜂成虫发生期,可喷布 50% 杀螟松乳油、80% 敌敌畏乳油均为 1 000 倍液。⑤在春季幼虫开始活动时,用 50% 杀螟松乳油 2 ~ 5 倍液涂树干,利用药剂的内吸作用,杀死栗瘿蜂幼虫。

栗瘿蜂

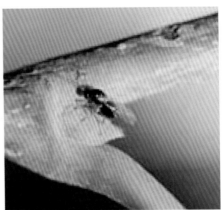

栗瘿蜂成虫

栗瘿蜂虫瘿

37. 大痣小蜂 *Megastigmus* spp

膜翅目长尾小蜂科。大痣小蜂属包括寄生群和食植群,此处大痣小蜂是指生产和检疫上都值得注意的食植群大痣小蜂。主要以幼虫在针叶树种子内生活和取食,蛀食种子的胚乳,导致种子中空,使种子丧失发芽率占到健康种子的 10% ~ 80%,而且常在 50% 以上。杭州市临安、淳安有分布。

形态特征 雌成虫头正面观宽稍大于长,复眼圆形,不大,颊稍突出,头顶宽阔,触角着生于复眼下缘连线以下,较长,丝状,环状节较短,索节 7 节,棒节 3 节。胸部较长,稍突出,前胸背板几乎与中胸背板等长,三角片较大,末端不贴近,小盾片近末端具有横沟,并脑瓜节很长倾斜。腹部无腹柄,不长于胸部,侧扁,第一节背板沿后缘中部具有不大的缺口。产卵管鞘较长,向上弯曲。足纤细且长。前翅缘脉长不超过后缘脉,或等长;痣脉末端明显扩大,呈圆形或卵圆形的痣脉。体黄色,具有黑色或褐色斑点,有时表面绿色,具有细的皱褶刻纹。幼虫 老熟幼虫体长 1.84 ~ 2.80mm,乳白色,头极小,可见上颚痕迹。胸、腹部共 13 节,除前胸较宽,末节较小外,几乎等长,体表光滑。上颚长三角形,有 4 ~ 5 个端齿。背缘光滑无瘤,前关节处较突出。蛹长 1.88 ~ 2.74mm,初期淡黄色,后期黄褐色,足深褐色,复眼赤褐色。

发生规律 其生物学特性因寄主、海拔及所在地的气候不同而异。一般 1 年 1 代,有 2 年 1 代或 3 年 1 代者,以老熟幼虫在种子内越冬。不同小蜂的蛹期、成虫期历期不一,如柳杉大痣小蜂成虫期在翌年 4 月中旬至 5 月中旬;圆柏大痣小蜂在 7 月下旬至 7 月下旬。成虫羽化后即寻找当年新生球果产卵,飞翔能力不强,喜光,有趋光性。被害种子内大多仅有 1 条幼虫,无转移为害习性。此类小蜂食性大多专性强。在阳坡比阴坡、林缘及散生木为害严重。

防治方法 ①加强检疫,仔细检查种子上有无羽化孔及种子外表的色泽。新鲜种子可放入小试管内或培养皿内待羽化后查看所有羽化的蜂类。②成虫羽化期喷洒 10% 吡虫啉 1 000 倍液。

大痣小蜂

38. 橘小实蝇 *Bactrocera dorsalis* Hendel

双翅目实蝇科。幼虫在果内取食为害,常使果实未熟先黄脱落,严重影响产量和质量。除柑橘外,尚能为害芒果、番石榴、番荔枝、阳桃、枇杷等 200 余种果实。杭州城区、建德、淳安、富阳有分布。

形态特征　成虫体长 7 ~ 8mm,翅透明,翅脉黄褐色,有三角形翅痣。全体深黑色和黄色相间。胸部背面大部分黑色,但黄色的"U"字形斑纹十分明显。腹部黄色,第 1、第 2 节背面各有一条黑色横带,从第 3 节开始中央有一条黑色的纵带直抵腹端,构成一个明显的"T"字形斑纹。雌虫产卵管发达,由 3 节组成。卵梭形,长约 1mm,宽约 0.1mm,乳白色。幼虫蛆形,类型无头无足型,老熟时体长约 10mm,黄白色。蛹为围蛹,长约 5mm,全身黄褐色。

发生规律　杭州每年发生 5 ~ 6 代,无明显的越冬现象,田间世代发生叠置。成虫羽化后需要经历较长时间的补充营养(夏季 10 ~ 20d;秋季 25 ~ 30d;冬季 3 ~ 4 个月)才能交配产卵,卵产于将近成熟的果皮内,每处 5 ~ 10 粒不等。每头雌虫产卵量 400 ~ 1000 粒。卵期夏秋季 1 ~ 2d,冬季 3 ~ 6d。幼虫孵出后即在果内取食为害,被害果常变黄早落;即使不落,其果肉也必腐烂不堪食用,对果实产量和质量贻害极大。幼虫期在夏秋季需 7 ~ 12d;冬季 13 ~ 20d。老熟后脱果入土化蛹,深度 3 ~ 7cm。蛹期夏秋季 8 ~ 14d;冬季 15 ~ 20d。

防治方法　①厉行检疫,严防幼虫随果实或蛹随园土传播。一旦发现疫情,可用溴甲烷熏蒸。②人工防治随时检拾虫害落果,摘除树上的虫害果一并烧毁或投入粪池沤浸。但切勿浅埋,以免害虫仍能羽化。③诱杀成虫:A. 红糖毒饵:在 90% 敌百虫的 1 000 倍液中,加 3% 红糖制得毒饵喷洒树冠浓密荫蔽处。隔 5d 1 次,连续 3 ~ 4 次。B. 甲基丁香酚(Methyl eugenol)引诱剂:将浸泡过甲基丁香酚(即诱虫醚)加 3% 马拉硫磷或二溴磷溶液的蔗渣纤维板小方块悬挂树上,每平方千米 50 片,在成虫发生期每月悬挂 2 次,可将小实蝇雄虫基本消灭。C. 水解蛋白毒饵:取酵母蛋白 1 000g、25% 马拉硫磷可湿性粉 3 000g,对水 700kg 于成虫发生期喷雾树冠。④地面施药于实蝇幼虫入土化蛹或成虫羽化的始盛期用 50% 马拉硫磷乳油,或 50% 二嗪农乳油 1 000 倍液喷洒果园地面,每隔 7d 左右 1 次,连续 2 ~ 3 次。

橘小实蝇为害柿

橘小实蝇为害枣

橘小实蝇成虫

39. 油茶软腐病 *Camellia leaf* rot

油茶软腐病对油茶苗木的为害尤为严重。在病害暴发季节,往往几天内成片苗木感病,引起大量落叶,严重时株病率达100%,严重受害的苗木整株叶片落光而枯死。主要为害油茶叶片和果实,也能侵害幼芽嫩梢。受害油茶树叶片、果实大量脱落,严重影响生长和结果。油茶软腐病在成林中常块状发生,单株受害严重。一般株病率1.1%~15.8%,比较严重的林分株病率可达29.9%,严重受害林分达73.8%。在病害暴发季节,往往几天内成片苗木感病,引起大量落叶,严重时株病率达100%,严重受害的苗木整株叶片落光而枯死。

病原 油茶软腐病病原菌是个多寄主病菌,除侵害普通油茶(Camellia oleifera)外,也侵害小果油茶(C. meiocarpa)、攸县油茶、越南油茶、浙江红花油茶(C. semiserrata)、红山茶、茶树(Thea sinensis)等山茶属树种,还侵害其他14个科的50多种植物。病菌的无性世代是油茶伞座孢菌(Agaricodochium camellia Liu,Wei et Fan),该菌在不同环境条件下形成两种形态特征和习性完全不同的分生孢子座。

发病规律 病菌以菌丝体和未发育成熟的蘑菇型分生孢子座在病部越冬。冬季留于树上越冬的病叶、病果、病枯梢及地上病落叶、病落果是病菌越冬地场所。翌春当日平均气温回升到10℃以上,越冬菌丝开始活动,雨后陆续产生蘑菇型分生孢子座,是病害的初侵染源。晚秋侵染的病斑黄褐色,是病菌主要的越冬场所和初侵染源。越冬病叶及早春感病病叶,在阴雨天气,能反复产生大量蘑菇型分生孢子座。当环境不宜侵染时,蘑菇型分生孢子座能在病斑部或侵染处渡过干旱期,到下次降水时再行传播侵染。气温在10~30℃,蘑菇型分生孢子座均能发生侵染,但以15~25℃发病率最高。超过25℃发病率显著下降,低于15℃,能发生侵染,但潜育期长,病程缓慢。蘑菇型分生孢子座的传播和侵染都需要雨水及高湿的环境,因此适宜侵染的温度范围内,空气湿度与病害发生的关系十密切。据试验在不保湿条件下,相对湿度低于98%,便不能发生侵染。在林间只有阴雨天才能满足这一条件。所以,油茶软腐病只有在阴雨天发生。每次中到大降水后,林间相继出现许多新病株、新病叶。雨量大,雨日连续期长,新病叶出现多。反之则病叶少。4~6月是南方油茶产区多雨季节,气温适宜,是油茶软腐病发病高峰期。

10～11月小阳春天气,如遇多雨年份将出现第二个发病高峰。山凹洼地、缓坡低地、油茶密度大的林分发病比较严重;管理粗放、萌芽枝、脚枝丛生的林分发病比较严重。

防治方法 ①以营林措施为主,加强培育管理,提高油茶林的抗病能力。采穗圃、苗圃等可考虑药剂防治。②改造过密林分,适度整枝修剪:改造密林,去病留健,去劣留优,既是增产措施,也是防病措施。对过密林分进行隔行疏伐。③冬春结合整枝修剪,清除越冬病叶、病果、病枯梢。④选择土壤疏松、排水良好的圃地育苗,加强苗圃管理。圃地要及时松土除草,培育大苗要疏密相宜,适度疏枝修剪,发现病苗及时仔细清除病原,防止蔓延。病果种子可能带菌,避免从病树上采种。⑤ 1:1:100等量式波尔多液,晴天喷药后附着力强,耐雨水冲刷,药效期持续 20 天以上,防效达 84.4%～97.7%,是目前较理想的药剂。喷药时间以治早为好,第一次喷药在春梢展叶后抓紧进行,以保护春梢叶片。雨水多、病情重的林分,5 月中旬到 6 月中旬再喷 1～2 次,间隔期 20～25d。

油茶软腐病症状

油茶软腐病症状

40. 毛竹枯梢病 *Bamboo dead* shoot

为害当年新竹,发病后轻者枝梢枯死,重者整株死亡。受害毛竹质量下降,受害竹林出笋减少,对毛竹(P. pubescens)生产威胁很大。感病后先在主梢或枝条的节叉处出现舌状或梭形病斑,初为淡褐色后变成紫褐色。当病斑包围枝或干一圈时,其上部叶片变黄,纵卷直到枯死脱落。在林间因病害为害的程度不一,竹子可出现枯梢、枯枝和全株枯死三种类型。剖开病竹,可见病斑内壁变为褐色,并长有白色絮状菌丝体。翌年春,枯梢或枯枝节处出现不规则的小突起,后不规则开裂,从裂口处伸出1至数根毛状物,即病原菌有性世代子囊壳的喙。毛竹枯梢病在临安、余杭有分布。

病原　病菌为核菌纲球壳菌目间座壳科喙球菌属的竹喙球菌 Cera-tosphaeria phyllostachydis Zhang

发病规律　病菌借水、风雨传播或人为传播。在发病区,凡遇7~8月高温、干燥的年份,此病易流行。

防治方法　①加强竹林的抚育管理,在冬末春初毛竹出笋前,结合常规的砍竹、钩梢两项生产措施,彻底清除竹林内的死竹及病枝、病梢,以减少病害的侵染源。②加强检疫,禁止带病母竹和竹材外运,防止病害扩散。③病害流行的年份,可用50%多菌灵1 000倍液,或1:1:100的波尔多液在新竹发枝放叶期喷洒,隔10~15d连续喷2~3次。

毛竹枯梢病

41. 板栗疫病 *Chestnut stem* rot

板栗疫病又称干枯病、溃疡病、腐烂病、胴枯病,是一种世界性病害。苗木及大树均可受害,主要为害主干、侧枝、小枝等部位。病菌自伤口侵入后,初期在光滑的树皮上形成圆形或不规则的水渍状、边缘略隆起的黄褐色至褐色病斑。剥开粗糙树皮,受害处皮层呈深褐色至黑褐色,韧皮部变色死亡。为害严重时,病斑蔓延包围树干,并向上、下蔓延。病斑组织湿腐,有酒糟味,失水后,树皮干缩纵裂,剥开枯死树皮,可见有污白色至淡黄色扇形菌丝体(菌丝扇)。发病枝条上的叶变褐色死亡,但长久不落。春季在病斑上产生橘黄色疣状子座,5 月以后在子座上溢出一条条淡黄色至橘红色胶质卷须状的分生孢子角,遇水后即溶化。秋季子座变橘红至酱红色。随着病斑的扩展,树皮开裂,进而脱落下来,露出木质部,病斑边缘形成愈合组织,第 2 年旧病复发,继续扩展,形成新的愈合圈,这样年复一年形成同心密集的中心低边缘高的多层愈合圈,为开放或放射型溃疡。当病斑环绕主干时,造成整株死亡。

病原 Cryphonectria parasitica(Murr.)Barr. 菌丝着生在形成层或皮层内,组成紧密的扇形菌丝层。子座自树皮裂缝中突出,直径 0.3 ～ 2.0mm,常橘红色,内生分生孢子器或子囊壳。分生孢子器不规则,大小不一,多为 1 室,色淡黄至茶褐色;分生孢子单胞,无色,长椭圆形或圆柱形,大小为(2.4～3.0μm)×(1.2～1.3μm)。子囊壳茶褐色至黑色,球形或扁球形,直径 150～350μm,深埋在子座组织中,1 个至多个,颈细长,黑色,下部色淡,长达 600μm,长颈伸出子座顶部。子囊棒状,顶壁增厚,中有孔道,周围有一亮环结构,大小为(36～42μm)×(5.5～7.0μm);子囊孢子 8 个,成单行或不规则排列,椭圆形,双胞,无色,隔膜处稍缢缩,大小为(5.5～11.0μm)×(3.0～5.0μm)。寄主有板栗(Castanea mollissima)、锥栗(Castanea henryi)、栎树(Quercus acutissima)、栓皮栎(Quercus variabillis)、欧洲栎(Quercus robur)、无梗花栎(Quercus pelroea)、漆树(Rhus verniciflua)、山核桃(Carya cathayensis)、欧洲山毛榉(Fagus sylvatica)等植物。

防治方法 ①加强检疫,防止带病苗木、种子、接穗传到无病区。从病区调入的苗木,除严格检验外,尚需在萌芽前用 3～5°Be 石硫合剂或波尔多液(1:1:160)喷施喷洒,或用 0.5% 福尔马林浸种 30min、5% 氯酸钠浸苗 5min。②抓好产地检疫。在疫区内要彻底清除重病株和重病枝，带病苗木和接穗应一律烧毁，减少侵染源。发病轻者可刮除病斑，涂抹10%碱水或 401、402 抗菌剂(10%甲基或乙基大蒜素溶液)200 倍液加0.1%平平加(助渗剂)或石硫合剂原液。

板栗疫病症状

板栗疫病症状

42. 合欢枯萎病 Albizzia blight

合欢枯萎病是合欢主要的病害之一,症状主要发生在合欢全株,导致叶片发黄脱落,严重时全树发生病变而枯死。该病为合欢的毁灭性病害,可流行成灾。萧山、淳安有分布。

病原　病原为尖孢镰刀菌合欢专化型(Fusarium oxysporwm schl. f. sp. perndiosium)。

感病植株的叶下垂呈枯萎状,叶色呈淡绿色或淡黄色,后期叶片脱落,枝条开始枯死。检查植株边材,可明显地观察到变为褐色的被害部分。在叶片尚未枯萎时,病株的皮孔中会产生大量的病原菌分生孢子,这些孢子通过风雨传播。

防治办法　①合欢在较疏松的土壤中生长较好,而街道上土壤坚实,通透性差,因此最好不要将合欢作为行道树,应栽植于道路两侧的绿化带内。②加强抚育管理,定期松土,增加土壤通透性,注意防旱排涝。尽量少剪枝,剪后伤口要涂保护剂。清除重病株,以减少侵染源。③生长季节未出现症状前,开穴浇灌内吸性药剂,如40%多菌灵胶悬剂800倍液等。在移植时用1%硫酸铜溶液蘸根,枝干处的伤口涂保护剂,以防病菌侵染。

合欢枯萎病

43. 冠瘿病 Crown gall

又称根癌病。此菌寄主范围广,可侵染 93 科 331 个属 643 个种的植物,包括多种花木。在植物的根部和茎部形成大小不一的肿瘤,初期幼嫩,后期木质化。病树树势弱,生长迟缓,寿命缩短,甚至造成毁园。余杭、建德有分布。

病原 根癌土壤杆菌为革兰氏阴性菌 Agrobacterium tumefaciens,有荚膜,不形成芽孢,细菌杆状,$(0.4 \sim 0.8)\mu m \times (1.0 \sim 3.0)\mu m$,$1 \sim 4$ 根周生鞭毛,如 1 根则多侧生。好气性,需氧呼吸,最适生长温度为 $25 \sim 28℃$,最适 pH 6.0。以氨基酸、硝酸盐和铵盐作为唯一碳源。

发病规律 冠瘿病根癌菌主要存在于土壤中,可以长期存活,以伤口作为唯一的侵染途径,可随苗木的调运进行远距离传播,是土传加苗传的细菌性病害。

防治方法 ①发现带病苗木及时销毁,②栽培上要尽量减少伤口,对于已经出现症状的植株可先刮除肿瘤后再涂石硫合剂保护伤口。③将 99% 的硫酸铜($CuSO_4 \cdot 5H_2O$)晶体,配制成 1% ~ 2% 硫酸铜液,然后分别用 100 倍液浸泡 5min,150 倍液浸泡 10min,200 倍液浸泡 15min,再分别将浸泡的苗木放入生石灰 50 倍液浸泡 1min,然后种植。④用 K84 生防菌防治保护植物,对桃树及近缘的核果类果树的冠瘿病有较好的防治效果。⑤对熟圃地土壤可施硫黄粉、硫酸铁或漂白粉每公顷 75 ~ 225kg,作土壤消毒。

冠瘿病

冠瘿病症状

冠瘿病症状

44. 竹丛枝病 *Balansia take*（Miyake）Hara

竹丛枝病又称雀巢病、扫帚病。为害毛竹、淡竹、早竹、刚竹、短穗竹、麻竹等，以刚竹属中的竹种发生较为普遍。病竹生长衰弱、出笋减少。为害严重者，整株枯死。发病初时，个别细弱枝条节间缩短，叶退化呈小鳞片形。病枝在春秋季不断的长出侧枝，形似扫帚，严重时侧枝密集成丛，形如雀巢。临安、淳安、余杭有分布。

病原 是真菌子囊菌亚门、核菌纲、球壳菌目中丛枝疣座菌 *Balansia take*（Miyake）Hara。病菌的子座内有多个不规则的腔室，腔室内产生许多分子孢子。分生孢子无色，细长，3 个细胞，两端细胞较粗，中间细胞较细。子囊壳埋生于有性子座中，瓶状，并露出乳头孔门。子囊圆筒形，子囊孢子线形，无色，8 个束生，有隔膜，会断裂。

发生规律 4～5 月，病枝梢端、叶鞘内产生白色米粒状物，为病菌菌丝和寄主组织形成的假子座。雨后或潮湿的天气，子座上可见乳状的液汁或白色卷须状的分生孢子角。6 月间，子座的一侧又长出 1 层淡紫色或紫褐色的疣状有性子座。9～10 月，新长的丛枝梢端叶梢内，也可产生白色米粒状物。但不见有性子座产生。病竹从个别枝条丛枝发展到全部枝条发生丛枝，致使整株枯死。郁闭度大，通风透光不好的竹林，或者低陷处，溪沟边，湿度大的竹林以及抚育管理不善的竹林，病害发生较为常见。

防治方法 ①加强竹林抚育管理，按竹龄大小合理及时砍伐，并及时松土、施肥，促进竹林旺盛生长，提高抗病力。②新造竹林，应严格选择母竹，不能用有病母竹造林。③竹林中一旦发现个别丛枝病株，立即剪除病枝烧毁。

竹丛枝病为害

竹丛枝病为害

45. 菟丝子 *Cuscuta chinensis* Larnb

又名吐丝子、菟丝实、无娘藤、无根藤、菟藤、菟缕、野狐丝、豆寄生、黄藤子、萝丝子等,旋花科,菟丝子属,是一年生寄生草本植物。菟丝子是一种生理构造特别的寄生植物,其组成的细胞中没有叶绿体,利用爬藤状构造攀附在其他植物;并且从接触宿主的部位伸出尖刺,戳入宿主直达韧皮部,吸取养分,长茂盛后,阻挡其植物进行光合作用。更进一步还会储存成淀粉粒于组织中。桐庐、建德、淳安有分布。另有一种日本菟丝子茎粗 2mm 以上,带紫红色。

形态特征 菟丝子,一年生寄生草本。十分茂盛,茎缠绕,黄色,纤细,直径约 1.5mm,多分枝,随处可生出寄生根,伸入寄主体内。叶稀少,鳞片状,三角状卵形。花两性,多数和簇生成小伞形或小团伞花序;苞片小,鳞片状;花梗稍粗壮,长约 1mm;花萼西洋太,长约 2mm,中部以下连合,裂片 5,三角状,先端钝;花冠白色,壶形,长约 3mm,5 浅裂,裂片三角状卵形,先端锐尖或钝,向外反折,花冠筒基部具鳞片 5,长圆形,先端及边缘流苏状;雄蕊 5,着生于花冠裂片弯缺微下处,花丝短,花药露于花冠裂片之外;雌蕊 2,心皮合生,子房近球形,2 室,花柱 2,柱头头状。蒴果近球形,稍扁,直径约 3mm,几乎被宿存的花冠所包围,成熟时整齐地周裂。种子 2~4 颗,黄或黄褐色卵形,长 1.3~1.6mm,表面粗糙。花期 7~9 月,果期 8~10 月。

发生规律 在上海,菟丝子 9 月开花,10 月种子成熟,种子落入土中经休眠越冬,或到第二年 2~6 月落入土壤,陆续发芽,遇寄主后缠绕为害,若无寄主,在适宜条件下,可独立生活达 1 个半月之久。寄主广泛,以木本植物为主,也可为害草本植物,蔓延迅速,为害幼苗,幼树和灌木,但不能为害老化的树皮,高大树木通过根际萌蘖小枝或依靠其他寄主作为桥梁向上蔓延。以成熟种子脱落在土壤中休眠越冬,也有以藤茎在被害寄主上过冬。以藤茎过冬的,翌年春温湿度适宜时即可继续生长攀缠为害。经越冬后的种子,次年春末初夏,当温湿度适宜时种子在土中萌发,长出淡黄色细丝状的幼苗。随后不断生长,藤茎上端部分作旋转向四周伸出,当碰到寄主时,便紧贴在上缠绕,不久在其与寄主的接触处形成吸盘,并伸入寄主体内吸取水分和养料。此期茎基部逐渐腐烂或干枯,藤茎上部分与土壤脱离,靠吸盘从寄主体内获得水分、养料,不断分枝生长,开花结果,不断繁殖蔓延为害。

夏秋季是菟丝子生长高峰期,开花结果于11月。菟丝子的繁殖方法有种子繁殖和藤茎繁殖两种。靠鸟类传播种子,或成熟种子脱落土壤,再经人为耕作进一步扩散;另一种传播方式是借寄主树冠之间的接触由藤茎缠绕蔓延到邻近的寄主上,或人为将藤茎扯断后有意无意抛落在寄主的树冠上。

防治方法 ①受害严重的地块,每年深翻,凡种子埋于3cm以下便不易出土。春末夏初及时检查,发现菟丝子连同杂草及毒主受害部位一起消除并销毁,清除起桥梁作用的萌蘖枝条和野生植物。②春末夏初,常检查苗圃和果园,一旦发现菟丝子幼苗,应及时拔除烧毁。每年5月和10月份,常巡视果园,或结合修剪,剪除有菟丝子寄生的枝条,或将藤茎拔除干净。③种子萌发高峰期地面喷1.5%五氯酚钠和2%扑草净液,以后每隔25d喷1次药,共喷3~4次,以杀死菟丝子幼苗。④对有菟丝子发生较普遍的果园和高大的果株,一般于5~10月,酌情喷药1~2次。有效的药剂有:10%草甘膦水剂400~600倍液加0.3%~0.5%硫酸铵,或用48%地乐胺乳油600~800倍液加0.3%~0.5%硫酸铵。

菟丝子

46. 加拿大一枝黄花 *Solidago canadensis* L.

桔梗目菊科的植物,又名黄莺、麒麟草、野黄菊、山边半枝香、酒金花、满山黄、百根草、金棒草。这种花色泽亮丽,常用于插花中的配花。加拿大一枝黄花 1935 年作为观赏植物引入中国,是外来生物。引种后逸生成杂草,并且是恶性杂草。主要生长在河滩、荒地、公路两旁、农田边、农村住宅四周,植株高 1.5 ~ 3m。它是多年生植物,根状茎发达,繁殖力极强,传播速度快,生长优势明显,生态适应性广阔,与周围植物争阳光、争肥料,直至其他植物死亡,从而对生物多样性构成严重威胁。杭州城区、建德有分布。

形态特征 多年生草本,高 30 ~ 80cm。地下根须状;茎直立,光滑,分枝少,基部带紫红色,单一。单叶互生,卵圆形、长圆形或披针形,长 4 ~ 10cm,宽 1.5 ~ 4cm,先端尖、渐尖或钝,边缘有锐锯齿,上部叶锯齿渐疏至全近缘,初时两面有毛,后渐无毛或仅脉被毛;基部叶有柄,上部叶柄渐短或无柄。头状花序直径 5 ~ 8mm,聚成总状或圆锥状,总苞钟形;苞片披针形;花黄色,舌状花约 8 朵,雌性,管状花多数,两性;花药先端有帽状附属物。瘦果圆柱形,近无毛,冠毛白色。花期 9 ~ 10 月,果期 10 ~ 11 月。

发生规律 喜温暖、湿润及光照充足环境,耐热、耐湿,不耐寒。生长适温 15 ~ 28℃。不择土壤。据上海植物专家统计,近几十年来,加拿大一枝黄花已导致 30 多种乡土植物物种消亡。

防治方法 ①加拿大一枝黄花的发生与其周围的生态环境有较大关系。如果长时间不管理的地块,那么一枝黄花生长茂盛,密度高,其为害也大;相反,人工管理好地块(如苗圃、果园、菜园等地),发生就轻或有的甚至没有,因此,日常应加强对可耕地的管理和利用,尽量减轻一枝黄花的为害。②对已发现有加拿大一枝黄花生长的地块,春季可通过耕翻,清理根状茎,拿出外地集中烧毁干净,使其不能萌发。③对已萌发出土的幼苗,可喷施草甘膦等杀灭,幼苗越小,效果越好。如一枝黄花出苗季节和开花前后,可用药剂对植株进行防治,防治的药剂主要是有:用"草甘膦"和"一把火"在开花以前混合喷洒;利用草甘膦和洗衣粉 5∶1 的比例混合在其幼苗期进行防治。④可能的替代物种——芦苇,利用替代控制法,使生态治理加拿大一枝黄花成为可能。芦苇与加拿大一枝黄花间存在竞争,且芦苇相对竞争力大于加拿大一枝黄花。同时发现由于两物种间适宜生存环境有较大重叠,两物种的起源区域气候又十分相似,且对多种环境普遍适应。在生态位重叠值的计算中,芦苇对加拿大一枝黄花的生态位重叠呈上升态势,而加拿大一枝黄花对芦苇的生态位重叠呈下降趋势,因此芦苇能够把加拿大一枝黄花排除在其生态位范围外。

加拿大一枝黄花

加拿大一枝黄花幼苗

47. 空心莲子草 *Alternanthera philoxeroides*(Mart.) Griseb.

喜旱莲子草、空心苋、水蕹菜、革命草、水花生。苋科、莲子草属多年生草本;茎基部匍匐,上部上升,管状,不明显4棱,具分枝,幼茎及叶腋有白色或锈色柔毛,茎老时无毛,仅在两侧纵沟内保留。叶片矩圆形、矩圆状倒卵形或倒卵状披针形,基部连合成杯状;退化雄蕊矩圆状条形,和雄蕊约等长,顶端裂成窄条;子房倒卵形,具短柄,背面侧扁,顶端圆形。果实未见。花期5~10月。1930年传入中国,是为害性极大的入侵物种,被列为中国首批外来入侵物种。主要影响表现在:堵塞航道,影响水上交通、排挤其他植物,使群落物种单一化、覆盖水面,影响鱼类生长和捕捞、在农田为害作物,使产量受损、田间沟渠大量繁殖,影响农田排灌、入侵湿地、草坪,破坏景观。各地均有分布。

形态特征 多年生宿根性草本;茎基部匍匐,上部上升,管状,不明显4棱,长55~120cm,具分枝,幼茎及叶腋有白色或锈色柔毛,茎老时无毛,仅在两侧纵沟内保留。叶片矩圆形、矩圆状倒卵形或倒卵状披针形,长2.5~5cm,宽7~20mm,顶端急尖或圆钝,具短尖,基部渐狭,全缘,两面无毛或上面有贴生毛及缘毛,下面有颗粒状突起;叶柄长3~10mm,无毛或微有柔毛。花密生,成具总花梗的头状花序,单生在叶腋,球形,直径8~15mm;苞片及小苞片白色,顶端渐尖,具1脉;苞片卵形,长2~2.5mm,小苞片披针形,长2mm;花被片矩圆形,长5~6mm,白色,光亮,无毛,顶端急尖,背部侧扁;雄蕊花丝长2.5~3mm,基部连合成杯状;退化雄蕊矩圆状条形,和雄蕊约等长,顶端裂成窄条;子房倒卵形,具短柄,背面侧扁,顶端圆形。果实未见。花期5~10月。

发生规律 水生型喜旱莲子草在平均气温8.5℃即可萌芽生长,陆生型在气温9.5℃开始萌发。平均气温10.5℃空心莲子草均已普遍出苗,开始进行营养生长。幼苗开始有2~4对嫩叶,叶小,紫红色。气温逐渐升高,其生长速度剧增,平均气温21℃左右迅速增长,叶面积急剧扩大,但节间数并不增多。生在池沼、水沟内。

防治方法 ①机械人工防除:对喜旱莲子草的防治,应侧重于预防。结合农业措施,在耕翻换茬时花大力气挖除在土中的根茎,然后务必晒干或烧毁;在种群密度较小或新发现的入侵地手工拔除,进行根除。对新入侵的空心莲子草,深挖1m,并彻底焚烧,连续三年,能起到根除的效果。在许多水域依靠人工打捞,但打捞后的植株如不能及时得到有效的处理又会死而复活。②化学防除是抑制空心莲子草的主要措施之一。氯氟吡氧乙酸(使它隆、水花生净),草甘膦或加二甲四氯等除草剂应用较多。

空心莲子草

48. 凤眼莲 *Eichhornia crassipes* (Mart.) Solms

又称水葫芦、凤眼蓝。雨久花科凤眼蓝属浮水植物。凤眼莲茎叶悬垂于水上,蘖枝匍匐于水面。花为多棱喇叭状,花色艳丽美观。叶色翠绿偏深。叶全缘,光滑有质感。须根发达,分蘖繁殖快,管理粗放,是美化环境、净化水质的良好植物。在生长适宜区,常由于过度繁殖,阻塞水道,影响交通。喜欢温暖湿润、阳光充足的环境,适应性也很强,具有一定的耐寒能力。凤眼蓝对氮、磷、钾、钙等多种元机元素有较强的富集作用,其中对大量元素钾的富集作用尤为突出。在现有凤眼莲资源化利用方式中,较为简易而普遍的是用其堆制有机肥及生产沼气,也可直接利用其干粉或将燃烧后的灰分作为肥料或土壤改良剂使用。由于凤眼莲含有较高的粗蛋白、粗纤维及粗脂肪,可用作饲料。原产巴西,现广布于中国长江、黄河流域及华南各省。各地均有分布。

形态特征 浮水草本,高 30~60cm。须根发达,棕黑色,长达 30cm。

茎极短,具长匍匐枝,匍匐枝淡绿色或带紫色,与母株分离后长成新植物。叶在基部丛生,莲座状排列,一般 5～10 片;叶片圆形、宽卵形或宽菱形,长 4.5～14.5cm,宽 5～14cm,顶端钝圆或微尖,基部宽楔形或在幼时为浅心形,全缘,具弧形脉,表面深绿色,光亮,质地厚实,两边微向上卷,顶部略向下翻卷;叶柄长短不等,中部膨大成囊状或纺锤形,内有许多多边形柱状细胞组成的气室,维管束散布其间,黄绿色至绿色,光滑;叶柄基部有鞘状苞片,长 8～11cm,黄绿色,薄而半透明;花葶从叶柄基部的鞘状苞片腋内伸出,长 34～46cm,多棱;穗状花序长 17～20cm,通常具9～12 朵花;花被裂片 6 枚,花瓣状、卵形、长圆形或倒卵形,紫蓝色,花冠略两侧对称,直径 4～6cm,上方 1 枚裂片较大,长约 3.5cm,宽约 2.4cm,三色即四周淡紫红色,中间蓝色,在蓝色的中央有 1 黄色圆斑,其余各片长约 3cm,宽 1.5～1.8cm,下方 1 枚裂片较狭,宽 1.2～1.5cm,花被片基部合生成筒,外面近基部有腺毛;雄蕊 6 枚,贴生于花被筒上,3 长 3 短,长的从花被筒喉部伸出,长 1.6～2cm,短的生于近喉部,长 3～5mm;花丝上有腺毛,长约 0.5mm,3(2～4)细胞,顶端膨大;花药箭形,基着,蓝灰色,2 室,纵裂;花粉粒长卵圆形,黄色;子房上位,长梨形,长 6mm,3 室,中轴胎座,胚珠多数;花柱 1,长约 2cm,伸出花被筒的部分有腺毛;柱头上密生腺毛。蒴果卵形。花期 7～10 月,果期 8～11 月。

发生规律 喜欢温暖湿润、阳光充足的环境,适应性很强。适宜水温 18～23℃,超过 35℃ 也可生长,气温低于 10°C 停止生长;具有一定耐寒性,中国北京地区虽有引种成功,但种子不能成熟。喜欢生于浅水中,在流速不大的水体中也能够生长,随水漂流。繁殖迅速。开花后,花茎弯入水中生长,子房在水中发育膨大,形成水葫芦。堵塞河道,影响水运,引发水灾。从上游漂流下来的水葫芦在上海和宁波发生过严重堵塞河道的情况,有的地方水葫芦的密集度甚至达到了可以承受人在上面行走的地步,致使航运一度瘫痪。此外,水葫芦还危及水厂的安全生产、水泵吸入水葫芦将造成滤池堵塞、自来水厂停产,对城乡饮用水供水造成为害。

防治方法 ①机械人工防除:在许多水域依靠人工打捞,但打捞后的植株如不能及时得到有效的处理又会死而复活。②化学防除。氯氟吡氧乙酸(使它隆、水花生净),草甘膦或加二甲四氯等除草剂应用较多。

凤眼莲的花

凤眼莲为害

49. 土荆芥 *Chenopodium ambrosioides* L

　　石竹目藜科。土荆芥别名红泽蓝、天仙草、臭草、钩虫草、虱子草等。为藜科藜属植物,以全草入药。播种当年8~9月果实成熟时,割取全草,放通风处阴干。生于村旁、路边、旷野及河岸等地。分布中国长江以南各省区,杭州城区有分布。北部各省常有栽培。

　　形态特征　土荆芥为一年生或多年生草本,高50~80cm,揉之有强烈臭气;茎直立,多分枝,具条纹,近无毛。叶互生,披针形或狭披针形,下部叶较大,长达15cm,宽达5cm,顶端渐尖,基部渐狭成短柄,边缘有不整齐的钝齿,上部叶渐小近全缘,上面光滑无毛,下面有黄、色腺点,沿脉土稍被柔毛。花夏季开放,绿色,两性或部分雌性,组成腋生、分枝或不分枝的穗状花序;花被裂片5,少有3,结果时常闭合;雄蕊5枚,突出,花药长约0.5mm;子房球形,两端稍压扁,花柱不明显,柱头3或4裂,线形,伸出于花被外。胞果扁球形,完全包藏于花被内;种子肾形,直径约0.7mm,黑色或暗红色,光亮。茎下部圆柱形,粗壮光滑,上部方柱形有纵沟,具毛茸。下部叶大多脱落,仅茎梢留有线状披针形的苞片。茎梢或枝梢常见残留簇生果穗,触之即脱落,淡绿色或黄绿色。剥除宿萼,内有棕黑色的细小果实1枚。全草有强烈异臭气,味微苦、辛。以茎嫩、带果穗、色黄绿者为佳。

　　发生规律　在平均气温8.5℃即可萌芽生长。平均气温10.5℃均已普遍出苗,开始进行营养生长。气温逐渐升高,其生长速度剧增,平均气温21℃左右迅速增长,叶面积急剧扩大,但节间数并不增多。生在田边、水沟边。

土荆芥

　　防治方法　①机械人工防除:结合农业措施,在耕翻换茬时花大力气挖除在土中的根茎,然后务必晒干或烧毁;在种群密度较小或新发现的入侵地手工拔除,进行根除。对新入侵的害草,深挖1m,并彻底焚烧,连续三年,能起到根除的效果。②化学防除是抑制的主要措施之一。氯氟吡氧乙酸(使它隆、水花生净),草甘膦或加二甲四氯等除草剂应用较多。

50. 刺苋 *Amaranthus spinosus* L.

中央种子目苋科。多年生直立草本,高 0.3 ~ 1m。多分枝,有纵条纹,茎有时呈红色,下部光滑,上部稍有毛。叶互生;叶柄长 1 ~ 8cm,无毛,在其旁有 2 刺;叶片卵状披针形或菱状卵形,长 4 ~ 10cm,宽 1 ~ 3cm,先端圆钝,基部楔形,全缘或微波状,中脉背面隆起,先端有细刺。杭州城区有分布。

形态特征 圆锥花序腋生及顶生,长 3 ~ 25cm;花单性,雌花簇生于叶腋,呈球状;雄花集为顶生的直立或微垂的圆柱形穗状花序;花小,刺毛状苞片约与萼片等长或过之,苞片常变形成 2 锐刺,少数具 1 刺或无刺;花被片绿色,先端急尖,边缘透明;萼片 5;雄蕊 5;柱头 3,有时 2。胞果长圆形,在中部以下为不规则横裂,包在宿存花被片内。种子近球形,黑色带棕黑色。花期 5 ~ 9 月,果期 8 ~ 11 月。性状鉴别,主根长圆锥形,有的具分枝,稍木质。茎圆柱形,多分枝,棕红色或棕绿色。叶互生,叶片皱缩,展平后呈卵形或菱状卵形,长 4 ~ 10cm,宽 1 ~ 3cm,先端有细刺,全缘或微波状;叶柄与叶片等长或稍短,叶腋有坚刺 1 对。雄花集成顶生圆锥花序,雌花簇生于叶腋。胞果近卵形,盖裂。气微,味淡。

发生规律 在平均气温 8.5℃即可萌芽生长。平均气温 10.5℃均已普遍出苗,开始进行营养生长。气温逐渐升高,其生长速度剧增,平均气温 21℃左右迅速增长,叶面积急剧扩大,但间节数并不增多。生在田边、水沟边。

防治方法 ①机械人工防除:结合农业措施,在耕翻换茬时花大力气挖除在土中的根茎,然后务必晒干或烧毁;在种群密度较小或新发现的入侵地手工拔除,进行根除。对新入侵的害草,深挖 1m,并彻底焚烧,连续三年,能起到根除的效果。②化学防除是抑制的主要措施之一。氯氟吡氧乙酸(使它隆、水花生净),草甘膦或加二甲四氯等除草剂应用较多。

刺苋

51. 克氏原螯虾 *Procambarus clarkii* Girard

十足目蝲蛄科。又名红螯虾或者淡水小龙虾,是存活于淡水中一种像龙虾的甲壳类动物,生存能力非常强,除了日本和中国,欧洲和非洲也有它占领的地盘,因此成为了世界级的生物入侵物种,也因此成为了世界级的美食。克氏原螯虾因其杂食性、生长速度快、适应能力强而在当地生态环境中形成绝对的竞争优势。小龙虾属于杂食动物,主要吃植物类、小鱼、小虾、浮游生物、底栖生物、藻类都可以作为它的食物。小龙虾的繁殖能力不强,每年小龙虾繁殖1次。克氏原螯虾近年来在中国已经成为重要经济养殖品种。在商业养殖过程中应严防逃逸,尤其是严防逃入人迹罕至的原生态水体。其对当地物种生态竞争优势而导致破坏性为害。杭州城区有分布。

形态特征　小龙虾,又名大虾、龙头虾、虾魁、海虾、红螯虾等。民间又俗称虾王。是属于节肢动物门甲壳纲十足目龙虾科属动物。它头胸部较粗大,外壳坚硬,色彩斑斓,腹部短小,体长一般在 20~40cm,重 0.5kg 上下,是虾类中最大的一类。最重的能达到 5kg 以上,人称龙虾虎。体呈粗圆筒状,背腹稍平扁,头胸甲发达,坚厚多棘,前缘中央有一对强大的眼上棘,具封闭的鳃室。腹部较短而粗,后部向腹面卷曲,尾扇宽短。龙虾主要生活于热带沿岸浅海的礁岩间,白昼潜伏于岩缝间或石下,夜间觅食活动,行动缓慢,多为杂食性。雌体成熟蜕皮后交配产卵,受精卵抱于雌体腹肢间,卵粒圆形,橙色。龙虾有坚硬、分节的外骨骼。胸博具五对足其中一或多对常变形为螯,一侧的螯通常大于对侧者。眼位于可活动的眼柄上。有两对长触角。腹部形长,有多对游泳足。尾呈鳍状,用以游泳。尾部和腹部的弯曲活动可推展身体前进。

发生规律　小龙虾每年的 6~8 月,是小龙虾形体最为"丰满"的时候,这时也是人们捕捞和享用它的最佳时机。青青的蒿草,浅浅的水滩,这块水域就是老甘他们经常捕捞龙虾的地方。小龙虾属于杂食动物,主要吃植物类,小鱼、小虾、浮游生物、底栖生物、藻类都可以作为它的食物。小龙虾的繁殖能力不强,每年小龙虾繁殖1次。小龙虾的生存能力非常强,除了日本和中国,欧洲和非洲也有它占领的地盘,因此成为了世界级的生物入侵物种。

防治方法　小龙虾从日本传入我国,现已成为我国淡水虾类中的重要资源。可通过政府引导,改变消费习惯,逐渐减少。

克氏原螯虾

52. 福寿螺 *Pomacea canaliculata* Larmasck

中腹足目扁卷螺科。又称金宝螺、苹果螺、大瓶螺。中国台湾农民俗称夭寿螺,"夭寿"一词有"短命早死、过分的、恶毒的"之意。福寿螺是原产南美洲亚马逊河流域的一类软体动物。由于成长速度快,在许多国家视为入侵物种及农业害虫。暖水种,栖息于由潮间带到低潮区。萧山有分布。

形态特征 福寿螺是由德国渔场人工选育出来的水族用螺类。原种为产自欧洲到中亚一带的平角卷螺 Planorbariuscorneus,野生个体肉体颜色多呈灰黑色,呈现出红色是由于缺少皮肤色素的变异,从而显示出其血液的颜色,其螺壳本身为淡黄色。有趣的是这种螺血液也有可能呈蓝色,因此,现在苹果螺也有了许多不同的颜色。苹果螺的壳是左旋的,壳的最大直径可达2.5cm左右。该品种是直接呼吸空气的螺类,因此壳口敞开,没有口盖,仅有一对触角,其基部有能分辨明暗的眼点。

发生规律 福寿螺生活在水流缓慢、水藻丰富、富含钙质的水塘中。苹果螺适应能力较强,但想要其生长良好并大量繁殖,水质不能过酸,并且有藻类供其食用。其肺/鳃使它们能忍耐缺氧水,旱季时会自埋在底层土,紧关起壳来休眠。除了抗旱,鳃盖也是防身之器。福寿螺属于雌雄同体的软体生物,幼年为雌雄同体,长大后就可以分辨。

防治方法 ①生物方法(用巧克力娃娃鱼、潜水艇鱼等)去除或手除。②捞除卵块并销毁。③如环境许可,可用药物杀除,药剂有五氯酚钠、蜗螺杀、杀虫丁和杀虫环。

福寿螺

福寿螺卵